科技战略规划评估及方法工具研究

王彦锋　王　涛　林　木
周　涛　朱莹莹　王维平　著

U1015934

湘潭大学出版社

版权所有 侵权必究

图书在版编目（CIP）数据

科技战略规划评估及方法工具研究 / 王彦锋等著
. -- 湘潭 : 湘潭大学出版社, 2021.10
ISBN 978-7-5687-0703-9

Ⅰ. ①科… Ⅱ. ①王… Ⅲ. ①科学规划－方法研究
Ⅳ. ①G311

中国版本图书馆 CIP 数据核字（2021）第 279523 号

科技战略规划评估及方法工具研究

王彦锋 王涛 林木 周涛 朱莹莹 王维平 著

责任编辑：王正杰
封面设计：李　平
出版发行：湘潭大学出版社
社　　址：湖南省湘潭大学工程训练大楼
电　　话：0731-58298960 0731-58298966（传真）
邮　　编：411105
网　　址：http://press.xtu.edu.cn/
印　　刷：广东虎彩云印刷有限公司
经　　销：湖南省新华书店
开　　本：710 mm×1000 mm 1/16
印　　张：13
字　　数：182 千字
版　　次：2021 年 10 月第 1 版
印　　次：2021 年 10 月第 1 次印刷
书　　号：ISBN 978-7-5687-0703-9
定　　价：68.00 元

目　录

绪 论

科学技术是第一生产力。科技不仅体现在助推经济发展中，而且对于国家安全意义重大，科技不仅是研发先进武器装备、构成国家武装军事能力进而形成战略威慑力的支撑基础，而且雄厚的科技能力本身也能显出强大威慑能力。因而，世界军事强国越来越重视科技的发展，并且制定了各自的科技发展战略来规划、安排和管理科技计划，好的科技战略规划能够对未来相当长的一段时间内的科技发展形成有益的导向和支持。在本书中，科技发展战略规划方法指的是为谋划和指导未来科技发展而制定战略规划时所采用的方法和流程等。本书对国外科技发展战略规划方法进行综合研究，对我国科技发展战略规划方法提出有实际应用潜力的适用性启示和建议。研究基于组合分析方法的科技战略规划分析方法，是科技战略方案生成的需要，是科技战略组合分析评估的需要，是科学制定科技战略发展规划的需要。通过从技术性和社会性两个角度深入分析科技战略规划决策内容和过程，科学决策与统筹推进武器装备体系各能力领域和各类装备科技整体协调发展，从而达到体系结构组合方案的灵活性、适应性和鲁棒性，确保最终构建的科技战略和武器装备体系能够最大限度地提高总体质量和发挥整体效能，具有重要的理论意义和实用价值。

本书在研究组合分析等理论方法的基础上，提出科技战略评估的组合分析总体框架和方法论，研究科技战略规划组合分析方案的生成、筛选与评估方法，综合考虑发展需求、经费投入、技术风险，优选最佳的科技战略规划方案，并选取典型的应用需求对这种分析方法进行验证。本书研究内容如下：

（1）在研究组合分析等理论方法的基础上，提出科技战略规划的组合分析总体框架和方法论

科技战略更多地体现的是基于能力的组合关系，各类国防科学技术和武器装备通过不同的组合配比方式，通过系统之间的交互作用，使装备体系具备不同的作战能力，完成不同的作战任务。在研究组合分析等理论方法基础上，首先需要确定科技战略规划组合分析的整体框架和方法论，确定能力和技术单元，以及组合筛选总体步骤和方法，作为后续研究的基础。

（2）科技战略规划组合分析方案的生成、筛选与评估方法研究

科技战略规划需要决策者从备选的技术集合中选择若干项技术，涉及组合决策和组合优化问题。首先需要进行能力和系统分解，分为若干模块单元，然后根据一定规则产生大量组合选项，接着根据现实需求和约束，筛选掉不符合需求的选项，最后针对剩下的选项进行评估。

（3）以典型的应用需求为例开展科技战略规划组合分析应用研究

结合具体的科技战略规划领域，对所提的方法论、步骤和具体方法进行验证。美国、俄罗斯等军事强国对科技战略极为重视，尤其是美国，为了获得和保持科技优势地位从而确保世界霸主地位，会定期对其科技战略规划进行调整。本书选择了数个具有一定典型性和代表性的国外科技战略规划（或国防相关科技战略规划）进行研究，这些战略规划的内容和方法也具有较高的参考价值，有助于了解国外科技战略规划方法的特点和要点。一般而言，科技发展战略规划多由几个方面构成：发展环境分析、国防能力需求分析、发展目标、重点发展的科技领域、各科技

领域发展途径等等。就科技规划方法来看，也都是集中在这些方面展开。此外，选择战略规划领导人、组建何种规划制定和审查团队、采用何种流程等也是构成规划方法的重要部分。

第一章　科技战略规划的相关研究与主要方法

1.1 科技战略规划

在人类科学技术进步的历史长河中，国防科学技术一直占有举足轻重的地位。国防科学技术的发展关系到国家的前途命运，因此，世界各国政府无不对国防科学技术的发展予以高度重视。科技发展战略则是政府高度重视的集中体现。

1.1.1 科技发展战略基本概念

战略，原是一个军事术语，是指对战争的策划和指导。它根据敌我双方军事、政治、经济、地理等因素，照顾战争全局的各个方面、各个阶段的关系，军事力量的准备和运用。发展，是指运动和变化，包括单向、双向甚至多向的运动和变化，主要表现为由小到大、由简单到复杂、由低级到高级等等。它既有建设的含义，又有未来的含义，是两者的统一。发展战略，是在战略观和发展观结合的基础上产生的新概念。它不但从多学科的发展观中综合地吸收对制定战略具有指导意义的思想，从全局谋划上探讨事物发展的规律，而且将战略特性引入发展观念的研究，形成强调发展变革的战略观。

发展战略具有层次性。每个层次的发展战略都有其相应的目标要求，受高层次战略制约，由上至下，逐层分解具体的目标要求。高层次战略目标是低层次战略目标的依据，低层次战略目标是实现高层次战略目标的途径和手段，各层次目标一般都不是单一的，而是由多元构成。显然，国家发展战略是第一（最高）层次，国家军事战略是第二层次。科技发展战略服从和服务于国家军事战略。具体来说，科技发展战略是对直接用于国防领域的自然科学及应用技术进行规划。科技战略内容广泛，包括科技投资、国家技术发展路线、国防关键技术选择、武器装备、科技人才、科技体制管理、科技工业体制改革等多个方面，但其核心多为重点资助科技领域的选取以及相应的推进路线和措施。

1.1.2 科技发展战略层次关系

科技发展战略受国家战略的指导，包括科技投资、关键技术、装备发展、科技人才、科技体制管理、科技工业体制改革等方式，如图 1.1 所示。

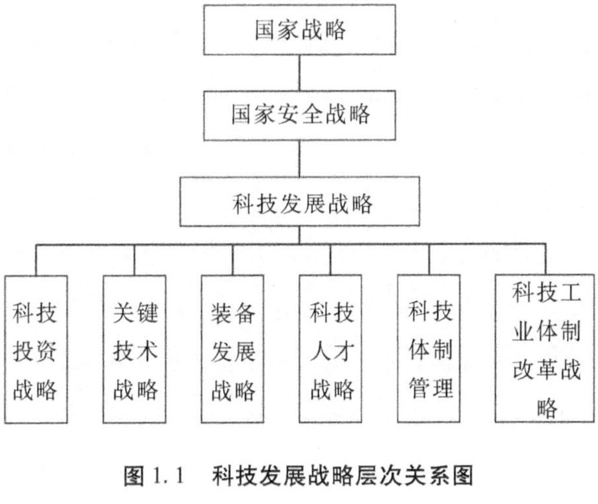

图 1.1　科技发展战略层次关系图

科技发展战略是国家战略的重要组成部分。科技战略为社会经济发展战略服务，同时又受到社会经济发展战略的制约。国家科技计划是科技发展方针政策的客观表现和具体化，它反映科技发展的水平和科技体制改革的进程。因此科技发展规划受到战略目标的制约，而确立战略目标具有全局性、长期性、可行性等特征。因此使用系统工程方法制定科技发展规划，能对国家发展科学技术的有限资源（包括资金、人才、设备、时间等）进行总体协调、综合平衡、合理利用，取得良好的经济和社会效益，保证如期达到规划目标。国家科技战略规划包括各个相关领域的规划，本书以国防科技规划为例进行示范说明。国防科学技术所提供的军事力量，最终是为了达到保卫国家安全、维护国家利益这一根本目的。因此，科学技术发展战略受国家战略和军事战略的指导和制约。科学技术发展战略的指导思想，必须与国家战略指导思想相一致。国防科学技术发展战略在目标和战略重点上，也应与军事战略保持一致，服务于军事战略的需要。同时，作为国家战略大系统中的军事战略分系统下的一个子系统，国防科技发展战略与其他领域的发展战略，如国防经济发展战略、国防基本设施发展战略、国防教育发展战略等，也有相互影响、相互制约和协调发展的关系。国防科技发展战略源于发展战略。随着现代科学技术的发展，重视国防科技发展战略的制定，日益成为一个国家具有战略远见的重要标志。制定国防科技发展战略的根本任务是全力寻找出以弱胜强、后进赶上先进的发展战略和可行的发展途径，为决策部门提供依据。制约国防科技发展战略的因素表现为：（1）现有基础；（2）今后投资强度；（3）科技进步；（4）人才；（5）决策与管理。制定国防科技发展战略，还应明确其战略目标。适当的目标，应该是在给定环境下，需要与可能的最佳综合。对于国防科技发展，要“有所赶，有所不赶”，“对于可以充分利用我们的长处或我们在这一领域已有相当积累，相对来说不需要巨大投资，而一旦突破可以带动产业革命的项目就应该赶”。总而言之，科技是第一生产力的方针政策，能否真正得到贯彻落实，是关系到我国能否在21世纪实现经济发达、国家富强目标的根本所在。

1.1.3 科技发展战略的研究对象

科技发展战略是探讨科技发展的普遍规律，以及科技建设中的长远的、全局性的、关键性问题的决策理论和思想方法。它的研究内容包括科技发展战略的指导思想、战略目标、战略重点、战略选择及步骤。其研究具有总体性和全局性、客观性和决定性、长期性和稳定性、预测性和竞争性的特征。

1.1.3.1 科技发展战略结构

科技发展战略是筹划和指导未来一定时期内科学技术发展建设的方略。它有着丰富的内涵：对国际战略环境及其发展趋势的分析，对国家周边安全环境的分析，对国家政治、经济、科技、社会条件的分析，在此基础上、明确国家安全对科技发展的需求，制定科技发展战略的指导思想、战略目的、战略重点、战略步骤及其发展道路的选择，并提出相应对策。它既为国防科学技术总体建设和发展指明方向，又为战略的实施提供具体指导原则，从理论和实践的结合上，回答了国防科学技术现代化建设的一系列重大问题。

1.1.3.2 确定战略目标的原则

科技发展战略目标是在全面分析国际环境和国内条件的基础上，研究和预测最新科技成就及其在经济、社会、国防领域的应用前景。战略目标是根据近期与远期国家经济、社会发展、国防需求以及国家可能提供的技术、财力和人力资源而确定的。因而，应该遵循以下几条原则要求：

第一，需求驱动原则。需求决定了我们可以寻求哪些方面的科学与技术作为科技发展的战略目标，同时也决定了哪些方面的科学与技术是科技发展的战略重点。在战争中，技术优势不仅能弥补军队数量的劣势，而且能以最小的伤亡迅速取得决定性的胜利，并且能最大限度地控制作战附带损伤。因此，科技发展战略目标的确定，必须能发明、发展和利用技术来满足并实现我们所需求的新的作战能力。最有资格提出这些需求的应当是作战人员。以美国为例，美国国防部在 1992 年提出的《美国国防部国防科技战略》中，确定美国各作战司令部最需要的五种“未来联合作战能力”。在 1996 年的《美国国防部国防科技战略》中，又将这种需求更新为十二项联合作战能力，包括信息优势、精确兵力、作战识别、联合战区导弹防御、城区军事行动、电子战、信息战、生化探测、实时后勤控制和防大规模杀伤武器扩散等。各种各样的作战需求驱动着战略目标的制定。

第二，经济可行原则。国防科技发展战略的制定，归根到底在于战略投资的强度。随着现代武器装备的技术含金量的大幅度提高，其研制与采办费用也不断提高，国防预算越来越不能满足这种需要。在这种情况下，必须把经济承受能力作为制定科学技术计划的基本原则，自始至终加以考虑。在这方面，技术本身的潜力是非常大的。例如，利用仿真技术可以提高训练与战备水平，借助技术可以改进生产工艺、减少制造成本和时间，通过传感器和材料可以监视磨损、应力和疲劳，并发现和提出维护需求，从而提高武器的安全性和精确地安排维护工作。总之，科技发展战略目标的制定，必须着眼于提高某种作战能力的有效性，降低成本、延长使用寿命，并通过有计划的改进逐步提高性能。

第三，整体优化原则。科技发展战略是复杂的系统工程，对于国防科技领域而言是母系统，但是，对于国家发展战略则是子系统。因此，科技发展战略目标的确定，不仅要着眼于本系统的整体优化，还要努力实现更大系统的优化。即是说，国防科技发展战略目标，首先要服从并服务于国家战略的总目标，与工业、农业、科学技术发展的战略目标协调发展。其次，要与国家安全发展目标保持一致。国防发展的总目标对国防各领域内各分系统目标有着统率的作用，国防科技发展目标必须服从这一总目标的要求，保证总目标的实现。

1.1.4 科技发展战略研究意义

现代科技水平的高低不仅是一个国家军事实力是否强大、国防是否巩固的重要标志，而且是一个国家综合国力是否强大的重要标志。发展国防科技是国家根本战略利益之所在。因此，研究和制定国防科技发展战略，确保国防科技沿着正确的方向发展，具有重要意义。

1.1.4.1 有利于增强综合国力，确保国家安全

（1）科技是整个国家科学技术的重要组成部分，直接为国家的国防建设和军队建设服务

科技的发展状况直接关系到国家科学技术水平和综合国力。国防科技是国家科学技术的重要组成部分，是为满足国防现代化需要而发展起来的特殊的科学技术领域。它以武器为核心，以服从战争的目的为宗旨。由于国防在国家的各项事业中占有特殊的重要地位，因此，国防科技始终先行发展并代表着整个国家科学技术的发展水平。纵观科学技术发展史，从火药的发明到核能的利用，从烽火、驿站的通信方式到电报电话的发明，从无线电通信到雷达、电子计算机乃至人造卫星的发明，无一例外。从20世纪下半叶起，随着新技术革命的兴起，以微电子技术为代表的现代高技术群得到空前发展。它们不仅广泛应用于国防领域，而且广泛应用于非国防领域。这就使得国防科技不仅与高技术融为一体，密不可分，而且大多数是军民两用性质的，它们的非国防应用很可能与国防应用同样重要。在高技术迅猛发展的今天，武器装备的技术含量越来越高，不仅战略武器和各种新概念武器如此，传统的常规武器也在日益向高技术化方向发展，从而使得现代战争在很大程度上已经越来越集中表现为高技术的较量。谁掌握先进的武器装备，谁就拥有更强的战斗力

和战略主动权，落后就要陷入被动挨打、丧失战略主动权的地位。从这个意义上说，如何制定国防科技发展战略，将直接影响国家科学技术的发展水平，同时也直接影响国家综合实力的走向。

（2）科技的发展，从威慑水平、威慑能力等方面确保国家的安全利益

在战争中，国防科技的优势能提高作战效果，减少伤亡，并且使装备损失减到最小。在危机时期，先进的国防科技能为国家最高指挥当局和最高统帅提供各种各样可供选择的方案；而在和平时期，国防科技的优势则是威慑的一个重要因素。第二次世界大战以来，拥有先进的国防科技优势已成为美国、苏联等国家军事战略的基石。诸如雷达、喷气发动机、核武器、夜视、全球定位系统、精确制导武器和隐身技术等，不仅显著地改变了战争面貌，而且成为以比较低的伤亡取得战争决定性胜利的优势所在。冷战结束以后，虽然军备竞争已被综合国力的竞争所取代，和平与发展成为时代的主题，但是作为国防建设关键要素的国防科学技术，仍然得到各国政府的高度重视。当今世界第一军事大国美国，之所以仍然强调“拥有压倒的技术优势是绝对必要的”，就是因为，今天的国防科技优势，是以前几十年来的科学技术投资所留下的宝贵财富；将来的作战能力，将在很大程度上取决于今天在国防科技上的投入。

在世纪之交，各国纷纷调整国家发展战略，为抢占21世纪战略制高点而积极提升综合国力，不断紧缩国防经费和减少人力。为此，采取多研制、少采办的政策，强调经济的承受能力，加强技术储备，提高效费比。其根本目的，在于保持国防科技的优势，提高威慑能力，有效制止一切军事企图，确保国家安全。

发展国防科技，使敌对双方的战略态势、战略目的、打击手段选择、战法和策略都变得活跃起来，如战略作战目的既可以是谋取对方的全部国土或部分国土，也可以是警告、惩罚、预防和示威。前者是一种攻占性的行动，后者则更注重造成政治、经济、舆论、心理方面的影响。在

作战指导上，可以用多种对策、多种办法、多种手段和多种要求去应付所出现的情况。保持对对方的进攻能力，其本身就是一种有效的威慑和实战力量。而这完全依赖于国防科技的先进性。在这种新的条件下，如何发展国防科技，对国家安全负有非常重要的责任。为了履行这一责任，必须不断加强国防科技发展战略的计划制定过程。这个过程的基础是研究国防科学技术发展战略。

1.1.4.2 有利于明确主攻方向，指导战略投资

（1）如何选择科研的主攻方向有赖于科技发展战略的指导

现代技术特别是高技术条件下的局部战争，是在一定战场环境下体系与体系的对抗。这就需要从作战体系的观点来研究作战，从作战体系的角度来考察研究武器装备的发展，以提高军队武器装备体系的总体质量和效能。否则，即使武器数量再多，性能再先进，在总体上也难以发挥出最好的效能。因此，选择国防关键技术优先发展，已成为现代国防科技发展的基本模式。国防关键技术是根据国防科学与技术发展战略的实际需求的重要性而选定的，用以满足国家最迫切的军事和作战需要。它是由以国防科技专家为主要成员的研究组，按照“需求牵引”与“技术推动”相结合的原则，以中长期国防科技发展纲要规定的方向为指导，以未来有可能发展的重要武器装备为背景，结合对未来国防科学技术发展的预测而提出来的。国防关键技术的提出，必须以国防科技发展战略为指导，紧密地服务于国家军事战略方针，为未来高技术局部战争所需发展的武器装备，提供关键技术储备。

国防关键技术的发展目标，从一定意义上说，反映了一个国家国防科技的发展水平。因此，发展目标的确定，既要体现出对国防科技发展的迫切要求，又要保持技术的先进性，确保国防科技的大跨度发展。为此，必须加强国防科技发展战略的研究。

（2）需求与供给之间的矛盾决定了必须通过科技发展战略计划

由于武器装备研制费用和采办费用不断上升，而国防预算不能无限制地增加，这就制约了新武器系统的研制与生产。因此，只考虑技术优势已经不够了，必须考虑经济承受能力。根据国防科技发展战略确定的实际需要，选择对提高军队作战能力和对敌威慑作用有重大影响，以及对提高国防科技水平乃至整个国家科学技术有较大带动作用的重点技术领域，作为国防战略投资重点，集中人力、物力和财力，确保重点投资项目的完成。当今世界先进国家，强调两用技术的开发。过去那种把为军事目的发展起来的新技术完全禁锢在军事应用领域的做法，已经不可取了。取而代之的是，军事部门在开发新的军事工程技术之初，就考虑到该技术的民用前景，使之尽快转化为两用产品。同样，在军事科研中，一切从头做起的做法也不可取了，而是尽可能充分利用民用技术的成果及其产品。正是这种观念上的转变，促使各国越来越重视开发军民两用技术，加大投资，从而降低成本，提高技术水平，更好地满足国防的需求。

1.1.4.3 有利于加强科学预测，提高决策水平

（1）制定科技发展战略，要以国际战略环境、国家周边环境以及国内诸条件的分析为客观前提

从一定意义上说，科技发展战略的制定也是一种预测。要想使预测科学化，就必须把握事物发展的趋势，揭示事物变化发展的内在规律，从而为决策提供正确的依据，保证方针政策的科学性和可行性。当今世界，经济实力已成为衡量一个国家综合国力的第一因素，因而各国基本都把发展经济放在第一位，集中主要精力发展国民经济。冷战时期的军事实力竞争，转向以经济为基础、以科技和教育为先导、以军事实力为后盾的综合国力的竞争。正确认识社会发展的这种趋势，把握其发展的内在规律性，就可以为科技发展战略的制定提供正确的客观依据，从而使预测更加科学化。

（2）研究科技发展战略可以促进各方面和各层次决策的科学化

科技发展战略决策的成功与否，不仅影响国防力量的发展速度快慢，而且关系着国家的存亡、安危、兴衰与荣辱。而决策的科学化，需要许多条件，其中一个重要的条件就是科学的战略。科技发展战略是一个总决策，它只有转化为具体的决策、政策和计划，才能产生战略效益。而具体的决策，只有以科学原理为指导的战略为依据，才能保证其科学化。

1.1.5 关键技术发展战略

随着世界高技术的发展和国际形势的变化，大国间的军事竞争演变为综合国力的竞争。20 世纪 90 年代初的海湾战争显示了现代高技术战争的特点，使各国都在慎重思考各自的科技发展战略，尤其是更加强调国防关键技术的重要性。国防关键技术战略是科技发展战略的重要组成部分，它的制定与发展决定着科技的发展方向，直接关系到国家未来的军事和经济地位。优先发展国防科学技术中的关键技术已成为世界各国关注的重要战略问题。

1.1.5.1 关键技术概述

国防科学技术是指在国防领域中研究、发展和应用的科学技术，主要包括武器装备的研究、设计、制造、试验（包括模拟训练和使用在内）和国防设施或军事设施（如国防仓库、基地、机场、港口、防御工事等）的设计建造等方面的科学技术。现代高技术的发展，已使国防科学技术的发展进入了全新的阶段，其涉及的范围广、内容多，极大地推动了军事技术的更新，使武器装备进入了一个新的时代，逐步变革着现代战争的方式。

国防关键技术是国防科学技术中处于领先地位并对武器装备发展最为重要的和最有影响的技术。“关键”一般比喻事物发展过程中最关紧要的部分，在突出某一事物或问题至关重要时人们往往冠以“关键”二字。

关键技术就是科技领域中对未来武器装备发展影响巨大，能够对未来国家安全利益提供有效保障的至关重要的一类技术。由于现代高技术猛烈地冲击着一切领域，敏感的国防军事领域自然处在这一冲击的最前沿，因此国防关键技术重点要解决未来武器装备可能是怎样以及未来怎样做的问题。关键技术战略是依据国家的科技发展战略而制定的总体规划，是面向未来科技发展和科技体系结构调整的主要依据。

冷战时期，以美苏两国为代表，世界上主要的大国和强国，都极力全面地发展军事技术，有关国家国防科研规模之大、领域之广都是空前的。冷战结束后，世界各主要军事大国和强国都纷纷将全面发展军事高技术，调整为根据确定的军事需求重点发展某些关键技术领域。普遍强调多研制，少生产；多进行技术储备，不急于新型号上马；以军事能力威胁，取代现实的军事威胁。为此，20 世纪 80 年代以来，许多国家先后制定了一系列关键技术计划或高技术计划。如美国的“国家关键技术计划”“国防关键技术计划”，日本的“国家研究与发展规划”“未来工业基础技术研究与发展计划”，欧洲共同体的“关键技术计划”“欧洲工业技术基础和高级材料研究计划”，中国的“863 计划”等。

科学技术是第一生产力，当代世界上悄然兴起的各大国综合国力的竞争，实际上是科学技术的竞争。世界高技术的迅猛发展使得科技这一特殊领域的发展和竞争也尤为激烈。为了使国家安全利益得到充分保障，建设强大的国防力量，加速科学技术特别是现代高技术在国防领域中的应用，发展国防科技、制定和完善国防关键技术战略已成为各国的一项重要战略任务。

1.1.5.2 影响和制约装备发展的因素

（1）科学理论与装备的发展。科学理论是武器装备发展的基础，科学理论研究的水平，决定着武器装备的质量、性能和发展速度。高技术武器装备在战争中显示了强大威力，但无可否认，高技术武器装备的研制和发展，离不开基础科学理论和技术。今天，许多武器的自动化、智能化的发展，如果没有计算机科学与技术的发展，是不可能的。所以在国防科技发展战略研究中，注重与高技术武器装备相应的基础理论和技术的发展研究，也是世界各国国防科技发展投入的重要方面。为了提高武器装备的现代化水平，同时减少因武器装备不断代谢而产生的损失，发达国家普遍采取少装备、多研制、加强基础理论和基础技术投入的发展方针。科学技术是第一生产力，是战斗力。加强与国防军事技术相应的基础理论和技术研究不仅是发展武器装备技术的需要，而且也是发展经济、提高综合国力的需要，所以各国都将发展基础科学技术置于战略地位。

（2）经济与装备的发展。经济直接服务于军事，其研究、设计、试验、生产等各个环节都与武器装备密切相关，经济实力和水平决定着武器装备的实用能力。高技术战争的高耗费，除战时武器装备消耗、后勤保障的耗费远远高于一般战争外，主要是由于高技术武器装备的研制、生产、装备过程的各个环节都要求有高投入。国家经济实力，是军事技术发展的直接物质基础。

高技术武器装备的特征是以其高科学技术含量为标准的。它们的研制与生产是建立在先进科学技术重大突破和军事工业具备相应技术水平的基础之上的。为此，国家必须对科技基础建设投入大量资金，组织国家各类研究院所、高技术产业进行协同攻关开发，以形成与研究生产高技术武器装备相适应的科学技术整体水平。更为突出的是高技术武器装备的研制、生产、装备都有高风险性。首先，因为用于武器装备的高技术几乎都是处于科学技术的前沿，它的发展具有明显的超前研究的特点，其研究开发各环节的投资都存在无效失败的可能；其次，随着科技进步和武器装备更新换代周期的不断缩短，有些研制出来的武器装备可能尚未投入部队使用就需淘汰。从而造成武器装备的成本与时间成反比，武器装备的选型与更新换代风险加大。武器装备的发展有赖于综合国力的提高，因为现代战争，特别是高技术局部战争，需要有强大的经济力量作后盾。

武器装备建设是一个复杂的系统工程。武器装备建设，应充分考虑国家经济能力和科学技术水平，既要适应军事战略的需要，又要服从国家经济建设的大局，做到需要与可能的统一。国家经济能力和科学技术水平是武器装备建设的物质基础。武器装备的发展变化离不开国家的经济和科学技术发展水平，特别是武器装备现代化，没有雄厚的经济实力和先进的科学技术是很难实现的。所以，经济能力和科学技术水平成为武器装备发展的一项重要的制约因素。任何国家的武器装备建设，只能立足本国的经济能力和科学技术水平，不能超出国家经济所能负担的限度。另外，武器装备建设不仅要着眼于当前，更应着眼于未来。在技术革命浪潮的推动下，战争形态、战略思想、作战手段、兵力结构都在发生变化，面对这种变化着的军事世界，我们应当有强烈的未来意识，从长计议，正确制定武器装备建设的长远规划，选择武器装备最佳发展道路。

就武器装备发展本身来看，它涉及多个方面，包括设计、实验、生产、操作等，如何协调管理、提高效益、保证质量都是武器装备建设的重要问题。结合我国实际，把握武器装备发展的特征，制定科学的发展对策，才能加快我军武器装备发展战略目标的实现。为此，我们应重视高技术的发展，放眼未来，科学规划。高科技对武器装备的影响和渗透日益增大，针对世界武器装备发展的走势，重视高技术的发展，结合我国的实际，从长远和战略的角度考虑，制定武器装备发展规划，以便科学地指导武器装备建设。

现代科学技术发展的特点要求必须有计划、有系统地发展武器装备，特别是对带有长远发展性的战略武器系统更需要进行科学的预测、系统的论证、慎重的决策，因此，必须重视高技术武器装备的发展计划。目前，国外发展高技术武器装备基本上都是按照这一思想进行的。如美国政府在发展战略武器方面，曾先后制定了研制原子弹的“曼哈顿”计划，发展卫星、导弹和反弹道导弹计划，“阿波罗”登月计划，航天飞机计划和“战略防御倡议”。在发展常规武器方面，美军为了更好地实施“空地一体”作战理论，在20世纪80年代末、90年代初相继制定了“陆军航空兵现代化计划”“装甲与反装甲现代化计划”“重型部队现代化计划”等计划。其他国家，如北约欧洲国家为了发展独立于美国的高技术武器装备，于1989年5月提出了“欧洲长期防务合作倡议”，或称“欧几里得”计划。又如印度为增强武器装备的自行研制能力，于1982年制定了“导弹综合发展计划”，依靠自己的科研力量研制开发了4种战术导弹。总之，制定武器装备发展计划已经成为各国发展高技术武器装备所普遍采取的措施之一。

在制定武器装备发展规划时，一定要有整体、系统观念，根据军事战略和作战理论发展的需要及可能的资金制定一个恰当的目标体系，在充分论证的基础上，科学地提出未来战争中应具有的武器装备的品种、型号及数量，确定研制的重点项目，合理分配经费，以求得高效费比。

1.2 国外科技战略规划研究

二战后，美国的科技水平和国力一直领先于世界其他国家，其总体战略目标就是保持其“超级大国”的国家利益。美国是三权分立国家，行政、立法、司法系统都不同程度参与国家科技战略的制定与管理工作。白宫科技管理部门是政府最高科技管理决策机构。白宫的科技管理部门主要是由科学技术政策办公室（OSTP）、国家科学技术委员会（NSTC）、总统顾问委员会（PCAST）组成。美国联邦政府科技计划的预算、决策、实施、管理、评价程序严谨有序，蕴含着“自上而下”“自下而上”两条线。美国科技战略计划的支持方向、目标、额度等问题的决策程序是自上而下的，而科技计划的预算、申报、遴选、资金分配等问题的决策程序是自下而上的。两条线既相互独立，又相互影响，形成一个反馈闭环。

英国科技管理一般由政府科学办公室（GOS）采用前瞻项目预战略扫描项目组对世界科技发展趋势以及本国社会经济发展状况的相关调研，对未来科技战略进行远期的战略预见与建议分析。GOS 和商业、创新与技能部（BIS）听取英国四大科学院、研究理事会、资助委员会等不同机构的学者、科学家以及企业界人士的建议，确定对未来发展有重要影响的关键科技领域，提出科技规划咨询报告，提交给公众和科学界进行公开咨询。政府的首席科学顾问以及政府各部门的科学顾问们根据公开咨询的结果，各部门参与进行科技战略规划的顶层设计，确立优先发展的领域和战略。英国科技战略规划的原则主要有“卓尔不群、反应灵敏、团结协作、选对地方和开放融通”。

日本科技管理组织体系主要由综合科学技术创新会议（CSTI）、文部科学省（MEXT）及其下属研究、审议机构构成。日本在内阁设置了综合科学技术创新会议这一领导科研的主管部门，主要负责协调各省厅的科技活动，加大了内阁对于科技政策的领导权，提高了科技政策的地位以及科技政策综合协调性，使其具有战略性、综合性和及时性。日本科技计划的出台要经过计划的提出与编制、组织实施与协调、计划的监督与评价三个阶段。日本科技战略制定有四个主要特点：一是《科学技术基本法》为日本的科技政策制定了基本框架；二是构建政府主导型产学官合作网络；三是严谨的经费管理系统；四是重视科技人才培养，建立国际性研究网络。

1.2.1 美国国防部科技战略规划

秉承“技术制胜”战略思想的美国，对科技非常重视。通过数十年发展，美国拥有了他国无法比拟的雄厚科技实力，并持续转化为国防装备和军队作战威慑能力。而这些是与美国拥有系统的、适时更新的科技战略是密切相关的。美国的科技战略规划体系完整，延续性好，导向作用大，实际效果好，这样的科技战略是由非常严密的规划方法来支撑的。

1.2.1.1 美国科技战略规划体系框架

美军有关的战略规划文件主要分为国家层面、国防部层面和军兵种层面，如图 1.2 所示。国家层面主要为美国白宫发布的《美国国家安全战略》。国防部层面又可分为三个层次，第一层是国防战略层次，主要包括《国防战略》《联合构想》《四年防务审查报告》；第二层是国防科技战略层次，主要为《国防科学技术战略》；第三层是国防科技规划层次，主要包括《基础研究规划》《国防技术领域规划》及《联合作战科学技术规划》。在军兵种层面，各军兵种也要依据以上战略规划制定本军种的科学技术战略规划。在上述文件中，跟预研紧密相关的主要为国防科技战略层次和国防科技规划层次，可简称为“一个战略、三个规划”，作为一个整体，确保联合作战的近期、中期和远期需求得到恰当的平衡，并在国防部的规划、计划、预算和评估活动中予以支持。此外还有《国防技术目标》文件，主要描述计划目标。

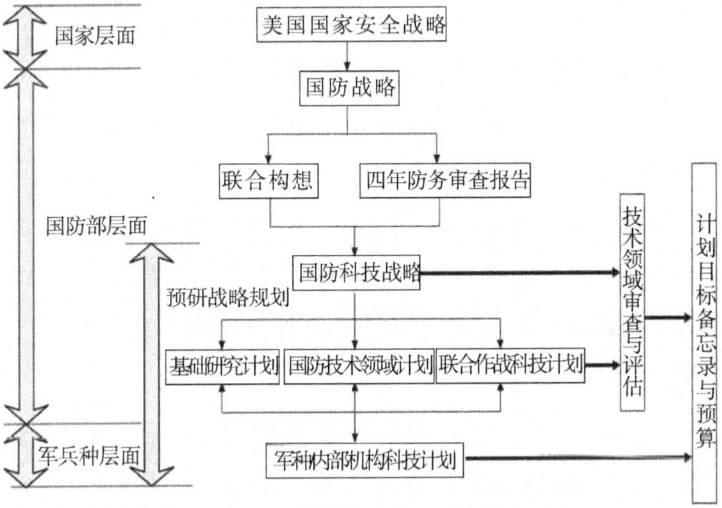

图 1.2　美国战略规划文件层次

（1）国防科技战略规划的相关顶层文件

《美国国家安全战略》由美国白宫出版，主要对美国面临的国际国内形势进行分析，对美国未来将要关注的安全重点进行概述。《国防战略》由美国国防部发布，主要阐述了国防部针对《美国国家安全战略》的具体思考，明确具体的国防战略目标，提出重点发展的军事能力，对美国各军种的军事战略具有指导作用。《联合构想》反映了美国参谋长联席会议主席对未来美军作战环境的构想，反映了美国军队对《美国国家安全战略》的配合，是国防部阶段性目标。《四年防务审查报告》是国防部提交给国会审议的战略文件，全面反映美国国防部对当前美国国防的全面认识和对未来的要求。

（2）国防科技战略文件

《国防科学技术战略》是由负责研究与工程的助理国防部长办公室根据《联合构想》和《四年防务审查报告》中有关装备建设和国防科技发展的指导方针，牵头组织国防部各部门、军种和业务局有关部门，一起制定国防部科学技术计划的战略指导文件，具有以下特点：一是国防预研管理政策的战略文件。《国防科学技术战略》不仅是科技发展的战略文件，更提出了国防预研基本政策和总体设想。如在《国防科学技术战略》中就提出了“在国防科技中突出重视信息技术战略”“国防科学技术发展经济可承受性战略”“着眼长远发展加强基础研究战略”“加强科研管理统筹协调思想”等。二是指导国防预研规划制定的宏观文件。《国防科学技术战略》是拟制国防预研规划计划的指导文件，不涉及具体的技术方向，只是把握各个规划的顶层，如技术领域划分等问题。如在 1994 年颁布的《国防部科技战略》中就确定了基础研究领域的 12 个学科。

（3）国防科技规划文件

《基础研究规划》是国防部面向远期装备发展的科技发展规划，每两年更新一次。《基础研究规划》划分为物理、化学、数学、计算机科学、电子学、材料科学、力学等 12 个国防基础研究领域，仿生学、纳米科学、智能材料与结构等6个战略研究领域以及多学科大学研究倡议。《基础研究规划》主要根据各军兵种的基础研究需求并结合学科自身发展，确定研究方向。《基础研究规划》虽不与具体应用背景相关联，却紧密结合军兵种的军事需求，具体体现在：一是它的编制是以军兵种的相关基础研究计划为基础；二是它每个基础研究领域都详细描述了各军兵种该领域关心的研究方向和共同关心的研究方向；三是对每个战略研究领域都详细说明了未来国防部的应用前景。

《国防技术领域规划》主要从装备技术领域的自身发展出发，阐明了每个技术领域的发展目标、发展任务和进度要求，是从技术推动角度出发制定的面向近期和中期装备发展的科技发展规划，对应美军预算类“应用研究”和“先期技术开发”，每年修订一次。目前版本主要划分为航空平台，核技术，地面车辆与水面舰艇，传感器、电子设备与电子战，航天平台，作战空间环境等12个关键技术领域。

《联合作战科学技术规划》从满足联合作战能力需要角度出发，通过分析现有装备水平与联合作战能力之间的差距，推导出需要发展的技术领域，是从需求牵引角度出发制定的面向近期和中期装备发展的科技发展规划，对应美军预算类“应用研究”和“先期技术开发”，每年修订一次。在目前版本中，美军确定了信息优势、精确交战、作战识别、防空和导弹防御、反恐行动等13个联合作战能力目标，以及其他一些重要的联合部队和军种特有的作战能力和非战争形式军事行动能力。

（4）国防科技计划文件

《国防技术目标》文件主要是确定科学技术投资的重点并指导投资工作，定义了一系列国防技术目标（相当于项目），每一项国防技术目标都要明确开发或演示验证的具体技术的进展、要求达到的技术指标、年度的预算、技术成熟的预计时间、技术进展对装备和作战能力的贡献。其中一部分是从《联合作战科学技术规划》中推导出的，也就是从需求牵引中推导出的国防技术目标，一部分是从《国防技术领域规划》推导出的，也就是从技术推动中推导出的国防技术目标。

1.2.1.2 美国战略规划文件特点分析

（1）从多层次、多角度各有侧重定义规划文件

美军将预研规划分为三个文件，各有侧重。其中，《基础研究规划》定位基础研究，其领域主要按照学科进行分类。《联合作战科学技术规划》和《国防技术领域规划》均定位于应用研究和先期技术开发，但角度不同，《联合作战科学技术规划》主要从作战能力角度进行分类，《国防技术领域规划》主要从系统角度进行分类，从不同角度保证了需求牵引和技术推动的有机结合，在此基础上共同牵引出具体的《国防技术目标》。

（2）通过映射矩阵建立需求和技术的关联关系

在《联合作战科学技术规划》和《国防技术领域规划》中大量应用了矩阵映射的方法，如在《联合作战科学技术规划》中就有按阶段划分的作战能力和按系统划分的功能之间的映射关系、从技术到能力的映射关系、技术与能力发展的路线图等。在《国防技术领域规划》中也定义了各子系统与联合作战任务能力目标之间的映射关系。这些映射表格虽然简单，却能从战略能力出发，通过自上而下的分解和细化，由简要、抽象的军事战略和作战概念逐步推导出具体、详细的技术重点和发展目标。此外属于计划层次的《国防技术目标》和规划文件同步制定，在《联合作战科学技术规划》《国防技术领域规划》中也描述了所映射到的《国防技术目标》中的一个个具体的国防技术目标。因此在规划文件中充分体现了项目计划的落实，能将具体的研究项目和关键技术、装备发展、作战能力之间有机地映射起来，使规划的制定非常科学。

（3）既保持基本版本稳定又递进式逐步修订

美军一方面所有规划文件都保持相对的稳定性，《国防技术领域规划》文件从1996年到2005年一直保持为12个技术领域，同时子领域变

化也较小，整个技术发展具有延续性，如自由电子激光器技术在1996年、2003年、2005年的《国防技术领域规划》中均有描述，但功率技术指标要求从1千瓦、10千瓦到100千瓦逐步提高，最终达到对反舰巡航导弹杀伤的能量水平。这种稳定性可以体现对技术的持续支持，并可追踪到技术发展状态。另一方面在保存基本版本稳定的前提下，其修订的频率也比较高，通过一到两年一次的修订，可及时动态调整方向和重点，满足作战需求和技术发展的不断变化。此外，在起草新一版本时，首先对上一版本确定的技术进度和目标实现程度进行审查和评估，这种制度可对规划文件实施效果进行评估，保证规划文件是可操作、可延续的。

1.2.1.3 美国科技战略规划的制定过程

美国国防部层面国防科技战略规划的制定过程大致可分为规划起草阶段和审查评估阶段。

（1）起草阶段

三大规划文件的起草阶段均由美国国防科学技术顾问团（也称国防科学技术指导小组、国防科技咨询小组）总体负责。国防科学技术顾问团层次很高，最早是一个由三军实验室主任组成的联席会议小组，后来国防部有关业务局也参加进来，目前其成员包括陆海空三军负责科学技术的助理部长，以及国防部的国防威胁降低局、弹道导弹防御局和国防高级研究计划局的领导。在此之下，各个规划文件均有自己的起草组织。

《基础研究规划》的起草主要在基础研究委员会（也称为国防研究委员会）的指导下由10个基础研究小组和6个战略研究小组完成。基础研究委员会成员主要包括：基础科学办公室主任、陆军研究与实验室管理主任、陆军研究办公室主任、海军研究办公室首席科学家、空军科学研究办公室主任、DARPA国防科学办公室主任等。

《国防技术领域规划》是按照12个技术领域制定，每个技术领域都成立专家小组，起草各自领域的规划内容。在12个技术领域专家小组之上，美国还依托实验室主任联合委员会、武装部队生物研究评估管理委员会、培训与人员系统科技评估管理委员会、联合工程师学会等4个专家组织协调各个技术领域的规划制定工作。

《联合作战科学技术规划》的制定针对每个联合作战能力目标成立一个咨询小组，以制定该目标领域的相应规划。咨询小组由该领域的技术专家组成，其组长由国防研究工程署主任办公室任命，成员包括三军预研部门、国防高级研究计划局、国防研究工程署及联合参谋部的相关专业人员，这些专家咨询小组主要通过讨论会的形式制定未来能力需求及相应的技术演化计划。联合作战委员会指导以上专家小组开展工作，其成员包括国防科学与技术可靠性执行委员会主席及成员、负责研究的助理国防部长帮办、联合参谋部主任及参联会的部分成员。

（2）评估审查阶段

三个规划文件起草完成后，都要经过技术领域审查评估环节。国防部召集专家组成19个技术领域审查小组，对三个规划文件进行评估。每个评估小组由负责研究的助理国防部长帮办任命的一名高级官员任主任，其成员是来自国家科学研究院、国家工程研究院、医学研究所、国防科学委员会、军事部门的科学咨询委员会、工业界和学术界等部门的知名专家，其中2/3以上的成员来自国防部以外的部门。在评审之后，每个技术领域审查与评估小组主席向国防科学技术顾问团汇报其发现，以及取消、调整或加强某些项目的建议。国防科学技术顾问团审查后，通过负责科学技术的国防部助理副部长将遗留问题及相关建议提交给计划评审小组（PRG），并发布计划决策备忘录。计划评审小组将遗留问题解决后，规划的制定过程即告结束。

1.2.1.4 科技战略规划制定过程的特点

（1）加强顶层协调和指导

三大规划文件的制定和审查均由国防科学技术顾问团（也称国防科

学技术指导小组、国防科技咨询小组）总体负责，并对以上专家小组的工作进行监督。国防科学技术顾问团带领各技术小组对各技术领域内的各军种和国防部业务局上报的规划计划，从技术内容、研究目标上进行统一协调，通过归并、整合等，消除交叉重复。正是这种高层领导小组的存在，才能有效地减少军种之间的项目重复，增强规划的科学性。

（2）起草人员广泛，突出军兵种和作战人员的参与

美军特别注重规则制定人员的广泛参与，三个规划的每一个起草小组都包含了装备、作战、研制等部门的人员参加，而且必须包含三军的相关人员，目的是保证规划制定过程中三军种的配合协调，避免各自独立的“烟囱式”发展。同时在规划制定过程中也突出作战人员的参与，如《基础研究规划》中就要求10个研究领域的起草阶段要有军方实验室和作战人员的积极参与。

（3）借助软件工具加强协同合作

美军通过广泛的人员参与协调，来保证规划制定的科学性。在此过程中，还开发了一种协同工具“科学技术合作工具”，这是一种基于计算机网络的自动化系统，用于更新和准备科学技术规划文件。科学技术合作工具将规划文件从简单的文本分解成结构化的数据库文件，使用人员可经过授权，对规划文件中的条目进行评审和发表评论意见，系统对使用人员的意见进行汇总、整理和分类。整个草稿和审查过程中最新版本的这些文件都在该工具中发布，并由国防科学技术顾问团、各“技术小组”主席对其进行修订和构型控制。

1.2.2 美国空军科技构想规划方法研究

在美国各军种中，空军拥有最为推崇科学技术的传统。早在美国空军还未成为独立军种的二战末期，当时的陆军航空队就开展了“通向新地平线”的科技构想研究，其实质上就是一份科技战略。由于效果良好，制定类似的科技战略逐渐在国防部得到认可和推行。

1.2.2.1 美国空军第一版科技构想——《通向新地平线》

二战将要结束时，美国的陆军航空队司令阿诺德将军请教冯·卡门教授，要他评价美国航空技术发展的现状，预测未来20年、30年甚至50年的发展，并就如何确保美国空军未来领先地位提出建议。为此，陆军航空队于1944年12月正式成立了科学顾问组，冯·卡门任组长，其职责是评价航空研究和发展的趋势，准备有关科学技术事务的特别报告。在陆军航空队司令的主导和支持下，冯·卡门挑选了当时美国最杰出的科学家与工程人员组建了功能领域专家组，其中还包括来自工业界有能力的人员。之后，研究团队不仅对美国已有的航空科技情况进行了研讨，冯·卡门还以少将身份率领美国空军顾问团一行于1945年初夏对欧洲多个国家的航空科技发展情况进行了考察和研究，其中包括赴德国考察纳粹德国秘密研究火箭技术的情况以及与苏联的航空专家进行交流等。返回美国后，冯·卡门写出《我们在何处》的考察报告，对比了美、德两国在战争期间的科技发展，并指出美国已有可能研制射程达9600千米的导弹。接着，冯·卡门又拿出了名为《通向新地平线》的报告。该报告包括25位作者的13卷、32份分报告，主题涉及从空气动力、飞机设计到炸药、末端弹道等。《通向新地平线》主要观点是“科学是掌握制空权的基础”。该研究奠定了美国空军科技基础，指引投资和发展方向，报告中的各项建议在美国空军都得到了很好的贯彻，对空军科技组织结构建设等方面也有深远影响。

第一版空军科技构想中结论包括：

- 有人或无人飞行器，飞行速度将远超过声速；
- 由于气动、推进和电子控制的改进，无人设备将具备打击数千公里外目标的能力；
- 小型高效爆炸材料将能造成大范围的毁灭打击效果；
- 目标寻的导弹将成为防御现有飞机的有效手段；

- 飞机或导弹只有以极高的速度才能突破敌方的本土防御；
- 作战指挥官和每架飞机之间将会建立起完美的通信系统；
- 目的定位与观察，起飞、导航和飞机着陆以及通讯，将不会受可见性和天气的限制；
- 满载作战载荷的空中力量将能够独立打击远程目标并实现空中补给等等。

从研究方法上来看，冯·卡门虽然没有故意为空军科技预测提供一种模型方法，但其研究方法却得到了当时与后来的广泛认可。这种模型方法中包括了四大要素：

- 跨越空军范畴的人员限制，确保能获得新的、公正的看法和建议；
- 各专业组应由经验丰富的通才式资深科学家构成；
- 报告应为综合的研究报告，并有足够的时间获得认真反馈；
- 研究结论应考虑科学和技术用于国防、空中力量需求的可能性以及技术实用性。

1.2.2.2 美国空军第二版科技构想——《伍兹霍尔夏季研究》

1958 年完成的第二版科技构想名为《伍兹霍尔夏季研究》，由美国空军研发司令部（ARDC）主导，300 多名研究人员参加，形成 13 卷的研究报告。《伍兹霍尔夏季研究》中一些结论包括：

- 除改进战略导弹外，研发 B－70 轰炸机；
- 战术航空发展：亚声速和超声速垂直起降（VTOL）飞机，具备昼夜全天候作战和反导能力；
- 弹道导弹预警系统（轨道卫星、高空机载雷达）；
- 大型高速垂直起降（VTOL）运输机；
- 轨道卫星（可用于监视、绘图、预警、天气预报等）；
- 用于短距起降/垂直起降（STOL/VTOL）的轻型涡喷发动机；
- 高超声速冲压发动机；

- 核能吸气式发动机；
- 电子对抗用于各类作战飞机、卫星和导弹；
- 雷达仍是主要探测工具；
- 下一代空军系统将需要新一代金属合金和未知的塑料。

尽管研究成果很丰富，但由于研究中忽视了对抗苏联太空优势的需求，本版科技构想影响小，并导致军方认为民口科学家不适宜做这样的科技预测研究。

1.2.2.3 美国空军第三版科技构想——《项目预测》

1964 年，美国空军研发司令部（ARDC）施里弗（Schriever）将军主导完成了第三版科技构想——《项目预测》，本次科技战略研究参研人员超过 500 人；完成 25 卷内容丰富的研究报告；研究成果大多数得到了实施，对空军科技和装备发展影响很大。本次研究的目的定位为：识别未来武器趋势和“优先研发的领域，推荐未来最有潜力的方向”。该战略研究采用技术推动、需求牵引相结合的方法，根据当时的需求成立了 12 个技术组（飞行动力学、推进、电能生成、材料、生物航天、地球物理学、武器、探测与监视、通信、数据处理与显示、导航与制导、电子对抗—反电子对抗）与 5 个能力组（一般战争、有限战争、保障、情报与侦查、大陆防御），研究方法：技术组提出想法，之后利用费用、军事需求、国家威胁与对外政策等指标进行筛选；能力组将选出的技术转化为武器系统概念。如图 1.3 所示。《项目预测》中一些结论与建议包括：

- 材料技术（高强度硼纤维、氧化物弥散强化金属等）的突破；
- 旋转件更高的温度和速度将使涡扇发动机燃油效率显著提升；
- 涡扇发动机可用于灵活性能的飞机（执行高低速、亚超声速任务）；
- 高推重比推进系统将使高生存力 VTOL 发动机成为可能；
- 液氢动力将有望使下一代侦查飞行器在极高空的速度达到 6 马赫；

● 可重用航天运载器还需要解决高压氧氢火箭发动机的冷却问题；

● 提升层流控制将可使亚声速飞机气动阻力降低 50%；

● 变几何机翼可能实现亚声速巡航、高速低空突防、高空超声速冲刺以及垂直起降（VTOL）；

● 战术核武器技术；

● 制导技术、先进计算机技术将使导弹和高速精确打击能力得到大幅提升；

● 新武器系统：先进有人精确打击系统（AMPSS），作为远程弹道导弹的补充，采用先进涡扇发动机、可变形机翼，研发空对面推进弹（搭载低当量核武器）；

● 垂直起降（VTOL）飞机的两大用途：打击侦查、轻型运输；

● 重点建议研发 CX－X 大型运输机。

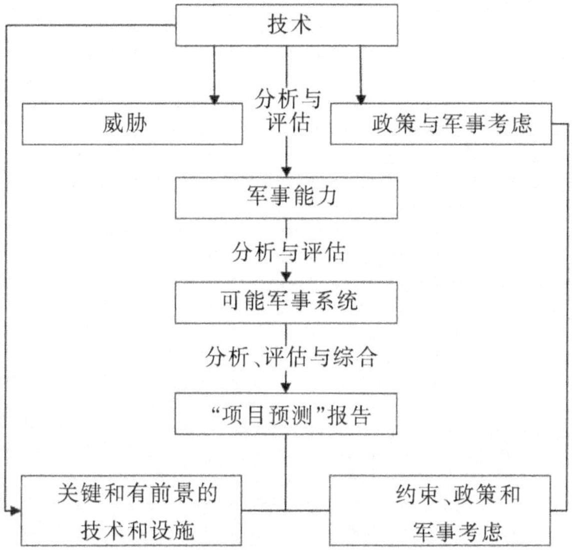

图 1.3 《项目预测》采用的方法流程图

1.2.2.4 美国空军第五版科技构想——《项目预测Ⅱ》

1986 年，美国空军系统司令部（AFSC）主导，200 余人参与完成了《项目预测Ⅱ》，与此前不同的是，本版科技构想的研究成员几乎全部属于空军雇员，虽然征集了众多来自民口的建议，但大多数都没有进入筛选流程。最终的成果为 1700 余页的研究报告。由于该战略研究只限定在空军系统司令部范围，最终的影响力很小，但对美国空军内部实验室研究经费投资取向形成了一定影响。

该战略研究组建的 3 类专业组，10 个技术专业组（推进与动力、材料与生产力、飞行器与结构、电子学与传感器、信息处理、装备与武器、通信、生命科学、环境科学、可靠性与维护性）；5 个任务专业组（战略进攻、战略防御、战区作战、低密度冲突、战斗管理）；3 大分析专业组（系统分析、系统成本计算、威胁/敌方分析）。

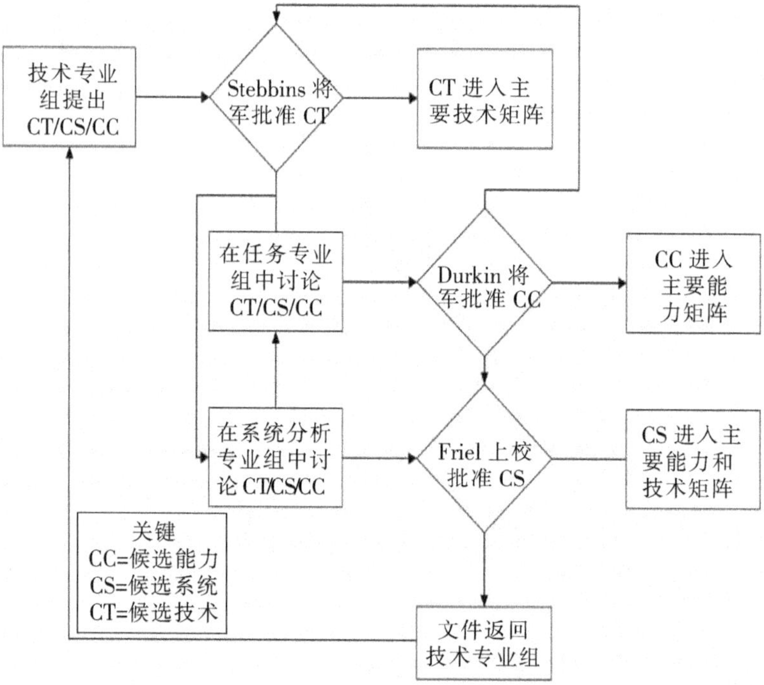

图 1.4 《项目预测Ⅱ》流程图

该研究采用的流程图，如图 1.4 所示。流程不一定要从技术专业组开始，其他两个组也可以根据自身情况发起流程，提出能力、系统和技术。

1.2.2.5 最新版美国空军科技构想——《技术地平线》

2010 年 7 月，美国空军公开发布了空军第七版科技构想（或称科技路线图）——《技术地平线》研究报告。这份研究是由美国空军首席科学家办公室主导，多家军事、科研、工业和政府机构共同参与，历时 9 个月完成的。如图 1.5 所示。

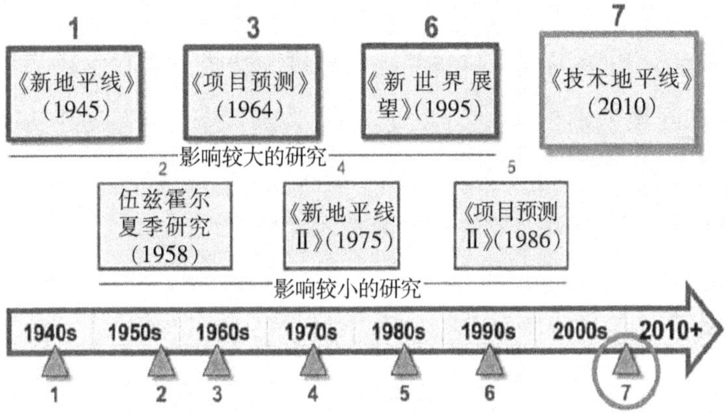

图 1.5　第七版美国空军科技构想文件

《技术地平线》全面分析了影响空军科技发展的战略环境、空军能力需求和技术跨越趋势，并在此基础上确定了需重点关注的多达 110 项的“关键技术领域”，这些领域将是形成美国空军未来能力的主要科技保障。

为了使技术发展与未来战略环境需求相匹配，《技术地平线》采用了一种“10 + 10 技术 - 能力”方法。由于技术从技术成熟度 6 级达到实战部署通常需要 10 年左右的时间，这意味着技术必须在 2020 年左右规划达到适当基础。因此，为满足美国空军 2030 年能力需求，现在就应该开展技术投资工作。“10 + 10 技术 - 能力”方法，第一步：从当前的技术状况开始，进行十年期的预测，预测这些技术或其衍生技术中，哪些能够在2020年达到可用状态；第二步：从2020年技术所能达到的状态开始，进行下个十年的预先评估，预测为满足2030年战略环境的关键需求，这些技术能够为美国空军带来什么样的能力；第三步：预想到2030年潜在对手的能力和美国的反制能力后，倒推十年，判断为形成这些反制能力，必须在2020年获得什么样的技术；第四步：从能力和反制能力所需的技术在2020年所需达到的状态出发，再倒推十年，判断当前应该辨明的科技领域。实际上，需要说明的是，“10+10”的时间节点仅是理论上的。如在网络方面，基本不可能对技术进行超过十年期的规划，在这种情况下，需采用“5+5”的方法才能准确预测。而在分析重点科技领域时，《技术地平线》以美国空军科技的战略环境为背景，从空军作战覆盖的空域、天域和网域识别出相关的关键功能，之后基于这些关键功能分析出能够提供这些领域功能的“潜在能力领域”（PCA）；对于每一个候选的PCA，研究实现该能力需要的“关键技术领域”（KTA）。

1.2.2.6 经验教训与小结

美国空军前后7版科技构想在时间跨度、团队规模、人员构成、组织形式、研究结论和实际影响各有不同，具体包括：

- 研究工作所花费的时间从9个月到最长两年不等；
- 研究参与人员从最少25人到最多500人；
- 参与人员从学术研究人员到军事研究人员，有些研究还涉及其他政府和工业部门人员；
- 部分报告按照技术学科组织研究小组，部分按照能力议题组织，还存在其他方式。
- 最短的报告仅是简单的结论描述，而最长的报告超过12卷，近2000页；
- 空军科技构想中所列的技术方向和组织方式等所引起的影响大小

不一，这部分取决于研究工作对当时焦点技术的反应程度。

主要经验教训包括：

（1）良好、全面的调研和研讨对于军用航空科技战略非常必要

冯·卡门主导的第一版空军科技构想意义重大、效用显著，其成功的一大关键与冯·卡门研究团队对美国、欧洲、苏联、日本等国家的航空科技进展进行了全面的调研和掌握是分不开的。由于掌握了这些信息，该战略研究才能立足当时，放眼未来，大胆预见，真正发挥了科技战略的作用。

（2）军用航空科技战略的研究领军者极为重要

美国空军多版科技构想的战略研究经验表明，军用航空科技战略研究的研究领军者极为重要。这样的领军人物必须是懂需求、明科技、擅于组织协调的“帅才”。有了这样的领军者，战略研究过程和结果才有保证，其未来效用也会更好。

（3）参与战略研究的人员类型和工作小组的组织方式影响战略研究

需要注意的是：研究工作产生的影响力与参与人员的数量或者报告的长度并无直接关联，而与参与人员的类型和工作小组的组织方式有关。没有众多来自各方面研究领域代表参与的研究工作通常不会成功，因为为展开讨论提供足够多的议题是非常必要的。而根据较为狭窄的系统议题组织起来的小组，讨论范围可能将受到限制，无法得到那些跨不同系统的启发性见解。而围绕较大范围议题组织起来的工作小组已被证明更加成功。

（4）对需求必须有明确了解和响应

空军的科技战略研究是从科技角度来支持空军近、中、远期能力发展的，因而这类科技战略研究不能太泛，对于军方的需求不仅要了解，还要做出明确回应。第二版空军科技战略——《伍兹霍尔夏季研究》就是典型的教训，由于对军方对迫切的对抗苏联空间优势的需求不够明确和具体，造成该战略研究效果微弱。

（5）发生较大的形势变化时，科技战略应及时调整

军用航空科技战略是针对现在、未来环境与需求对科技重点与方向的选择和谋划，因而，一旦发生外部威胁环境等大的形势变化，就必须对科技战略进行及时调整。《项目预测 II》战略研究投入了大量人力物力，成果也较为丰富，但冷战后期以及冷战结束带来形势重大变化，此时，原有的战略已不能适应新需求，因而其发挥的作用也会受到影响。

1.2.3 美国空军基于能力的2030科技战略

2007年，空军研究实验室为美国空军制定了名为《空军基于能力的2030科技战略》的科技战略，由于涉及核心科技等内容，迄今为止，这一战略文件对外仍处于保密状态。但从近年来其他渠道获得的信息表明：空军实验室提出的8项聚焦未来长期挑战（FLTC）是该科技战略的重要组成部分，对这些长期挑战的解析有助于明确美国空军科技未来规划重点和了解美国空军科技能力的建设方向。

1.2.3.1 "聚焦长期挑战"背景简介

为了履行"全球警戒、全球到达、全球力量"的空军战略以及确保空军实现在未来的"空、天、网中飞行、作战和获胜"的使命任务，美国空军采纳了由空军实验室提出的"在任何时间、任何地点、对任何目标，实现预见、发现、修正、跟踪、作战和评估"的科技展望。通过这一科技展望，空军研究实验室希望能够定义出未来美国空军"改变作战模式"的航空、太空和网际空间能力和相应的支撑技术，并指出：针对任何目标、任何地点和任何时间，预期行动和投射影响的能力将成为美国空军现在与未来在全球反恐战争中打击目标、应对大规模杀伤性武器扩散的中心。

美国空军新的技术展望是建立于空军传统杀伤链基础上，并使其聚焦于由全球反恐等复杂威胁所带来的技术挑战。该技术展望与空军基于

能力的计划编制和能力审查与风险评估（CRRA）过程紧密联系，且强调三个领域“航空、太空、网际空间”的综合，以消除未来威胁的复杂性和不确定性造成的能力缺口。为实现空军科技展望，空军研究实验室提出了 8 项基于能力的长期挑战，而这些挑战涉及的技术就是空军未来科技战略的核心。

1.2.3.2 “聚焦长期挑战”内容与方法

（1）“聚焦长期挑战”（FLTC）提出的方法

空军研究实验室的科技要实现“支撑当前作战且确保未来空军能力”，因而其核心工作可以分为近、中、远期：“近期”要求根据作战紧急需求能做出快速响应，实现快速的技术革新与转化；“中期”则重在提供技术选项，主要进行前期技术演示验证等工作；“远期”瞄向的是未来的能力，分析科技机遇，研究基础、前沿技术。“聚焦长期挑战”实质上就是空军研究实验室对未来能力的描述并进而开发形成未来空军的技术路径。8 项 FLTC 包括：防患于未然的指挥、控制与情报（C2I）；前所未有的积极主动的情报、监视与侦察（ISR）；重点设防的面目标攻击/清除；持久和响应精确交战；确保高威环境下作战；主导进攻的网络交战；在任何地点按需投送兵力；经济可承受的任务生成与维持。

“聚焦长期挑战”的提出方法框架如图 1.6 所示：空军实验室将空军科技展望分为“世界范围的态势感知”“战场进出和生存”与“精确效果打击”三个方面（对应于空军战略的“全球警戒”“全球到达”“全球力量”），并由此提出了这 8 项 FLTC。

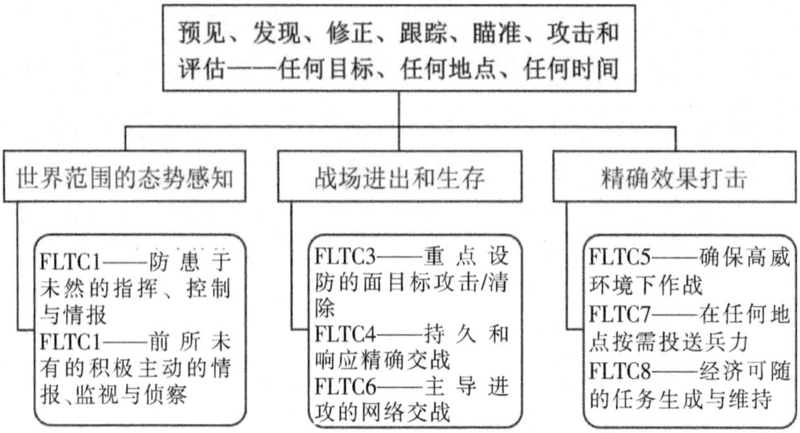

图 1.6　聚焦长期挑战的框架

（2）FLTC 的具体内容

8 项“聚焦长期挑战”（FLTC）中的各项具体要点如下：

挑战 1：防患于未然的指挥、控制和情报（C2I）

通过对敌方观察、定位、决策和行动的完全掌控，保证对敌方行动的提前预测，从而能够快速果断地确定作战策略。简单说，就是共享战场空间感知、预测敌人行动并做出快速响应。具体任务能力需求包括：

- 发现威胁系统和目标；
- 预测敌方行为；
- 实施近实时的决策管理；
- 确保完全有效的 C2I 运行。

挑战 2：前所未有的积极主动的情报、监视与侦察（ISR）

能够对任何时间、任何地点、任何目标（包括在拒止环境中）出现的威胁，利用 ISR 进行预先的发现、跟踪和标定。具体任务能力需求包括：

- 保证指挥、控制和感知的高性能网络；
- 为整体战场空间感知传送融合的多源 ISR 数据；
- 确保闭环的 C2ISR 传感和处理；

- 广域、全球性的目标监视、侦察和跟踪；
- 生成任何地点、任何时间的高容量、超清晰的图像；
- 提供综合的空间态势感知。

挑战3：重点设防的面目标攻击/清除

对处于拥挤或隐蔽环境中的敌方和/或保障装备，简易爆炸装置（IED），化学、生物、放射性、核与高爆（CBRNE）威胁，利用侦察、识别、标记、跟踪、瞄准等手段，实施可选且可控的致命或非致命打击。具体任务需求包括：

- 发现、识别、跟踪、处置敌人和IED；
- 发现、识别、处理、压制CBRNE威胁；
- 在复杂城市与复杂地形中对困难目标实施发现、修正、跟踪、作战（F2T2）；
- 利用动能和非动能武器给予困难目标快速可控的打击；
- 按命令对困难目标实施精确致命打击；
- 以非致命武器与敌方作战。

挑战4：持久和响应精确交战

在大约数分钟和数小时内向对世界范围内出现的威胁实施精确交战，并在反介入环境中持久使用打击力量。灵活机动地通过反介入/区域拒止环境，快速和/或持续地进行交战。具体任务需求包括：

- 利用定向能和其他非动能武器实施全球打击；
- 利用全谱的动能武器实施全球打击；
- 对时敏目标进行效果可选的全球打击；
- 利用自主式载荷实施秘密的全球打击。

挑战5：确保高威环境下作战

在传统作战以及破坏性、灾难性和非常规威胁情况下的自我防护能力。即，在全谱威胁中避免遭受损伤地完成任务。具体任务能力需求包括：

- 预见威胁并通过隐身和欺骗等手段规避威胁；

- 利用防御手段发现并击败敌对力量；
- 通过被动和主动防护在攻击中生存；
- 从威胁影响中恢复。

挑战 6：主导进攻的网络交战

对敌方实施进攻性的网络作战。对军事、领导机构和基础设施进行全谱的网络/信息进攻行动。具体任务需求包括：

- 进入任何地点、任何时间的敌方网络/信息系统；
- 在网络中隐蔽并持久地作战；
- 生成高可靠性的网络情报；
- 实施一体化信息作战；
- 针对电子系统实施攻击。

挑战 7：在任何地点按需投送兵力

向作战用户投送航空、太空和网络能力等，并在效率和响应速度方面彻底改进。具体任务能力需求包括：

- 快速构建多任务、经济可承受的卫星；
- 快速部署多任务、经济可承受的空间有效载荷；
- 根据需求研制可重复使用、经济可承受的空间发射；
- 快速调整空间飞行器并自主作战；
- 向全球任何地点、全天候投放地面力量和武器；
- 全球实时地传送、管理和处理信息。

挑战 8：经济可承受的任务生成与维持

当前与未来的空军空天系统的维护支持，包括：综合系统健康管理、对于作战使用的部件与系统响应、先进修理和维护技术。最大化当前与未来空军部队的任务能力、就绪水平、可靠性和维修性，并最小化成本。具体任务能力需求包括：

- 实时地提供全系统健康状态；
- 预测系统的任务能力；

- 在受损情况下自动重构系统；
- 提前保持就绪水平；
- 对集成系统寿命周期管理与可靠性进行设计。

空军研究实验室对提出的这 8 项 FLTC 进行了分解，以将各个 FLTC 描述的宽泛的长期技术挑战分解为一系列综合的系统级试验和/或演示验证。与处理近、中期威胁和任务需求不同，远期的威胁和能力需求并不确定，因而其更强调的是“技术推动”的作用，这些技术挑战的提出实际上是为了识别出需要在基础科学领域获得主要突破以保证进一步发展出能有可行的解决方案的科学技术领域，从而利于选择性地资助基础科学的发展。

1.2.3.3 “聚焦长期挑战”与空军未来能力

美国空军长期以来极为重视从技术到能力的综合演示验证，综合演示验证由基础研究、正在进行的技术研发和系统级工程组成，这是技术成熟的三个基本阶段。空军研究实验室也正是按这样的阶段划分，管理和执行科技的发展，从而按照时间段进行研究和项目开发。

每个 FLTC 被进行分类，将能力展望分解为易处理的多个部分，这样的拆分能够从中期和远期的角度考虑科技研究和发展。由图 1.7 可知，每个 FLTC 被拆分为一系列的问题——为保证实现每个 FLTC 包含的能力展望所必须要解决的问题；之后每个问题描述又被分解为中期和长期的特征，这些特征与特定领域（航空、太空、网络空间、或地面与作战能力）密切联系。

对于中期特征，空军研究实验室需要很好地理解为达到设想目标所需的技术。中期特征能力的解决方案要通过综合来自一个或多个空军研究实验室的技术部门的产品来达到。每个产品又由很多独立的项目组成。

对于长期特征，AFRL 也许并不确切地知道该如何解决问题，所以需要在基础科学领域探索解决方案。研究领域中的基础研究被称为“探索挑战推动力”（DCT），由空军科学研究办公室（AFOSR）管理。“探索挑战推动力”（DCT）聚焦于达到特征所需性能必须解决的最难问题。

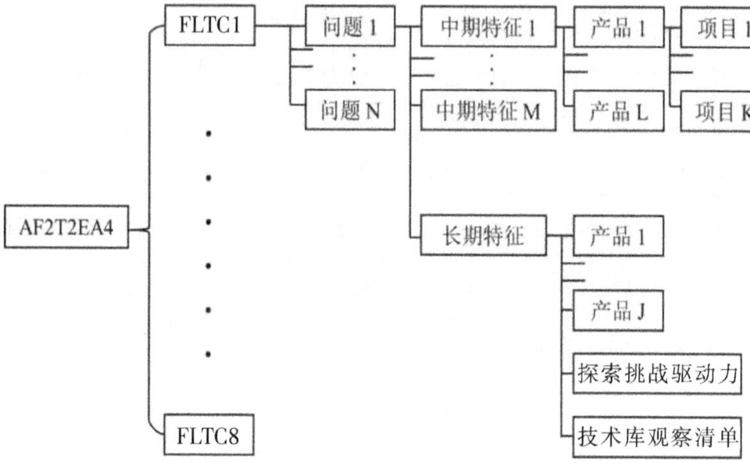

图 1.7　聚焦长期挑战研究方法

FLTC 通过一系列的分类最终落到具体的研究项目上。也可以说，空军实验室对于项目的支持是与最终用户的需求紧密联系的，其中既有“需求牵引”也有“技术推动”的因素，最终都是为了形成未来美国空军的优势作战能力。以 FLTC2（前所未有的积极主动的情报、监视与侦察）为例，其任务需求“为整体战场空间感知传送融合的多源 ISR 数据”（对应为“问题描述”）被进一步分解，如其中包括“由于战场空间感知的高生存力、高空长航时多信息传感”，后者又包括“高效高空长航时无人机航空结构”等。

1.2.4 美国空军科技战略研究

1.2.4.1 美国《空军 2025》战略研究采用的方法

（1）研究简介

美国《空军 2025》是美国空军大学应原空军参谋长部署，组织现役军官和专家于1996年完成的战略研究，内容涉及未来30年世界军事格局演变预测、美国空军的装备发展构想和新的作战概念等内容。该研究报告明确提出了以“使美国获得空天优势”为目标，在对世界战略格局演变和技术发展水平进行预测的基础上，设想美国空军未来的职能，并重点提出了需相应发展的武器装备和关键技术。因而，该研究可视为关于美国空军装备和科技发展的战略研究报告。

（2）研究方法

《空军2025》项目小组在考察了大量不同的未来预测方法的基础上，选出可选未来、作战分析和以价值为中心的模型，作为最可能为本项目得到有益结论的综合方法体系。

可选未来小组把美国的世界观、ΔTeK（经济增长与技术扩散速度的差率）和世界力量网确定为影响未来空天力量最重要的驱动因素。运用这些驱动因素以及“可选未来”设定的程序，该小组界定了一个战略计划空间，并对其中的8种独立世界开展研究。这些构成了计划的环境，在这些环境中，各独立小组针对系统、正在形成的技术和构成《空军2025》项目主要部分的作战概念进行了研究。

在研究小组构建并探讨了未来30年可能出现的各种各样的技术和系统后，作战分析小组对研究小组研讨出来的技术和系统进行了评估。各种白皮书提出了25种正在形成的技术并研讨出43种独立的平台和任务系统。分析小组把实现空天优势目标所需的每个使命和任务安排在认知、到达和力量这三个总类别中，再从作战的角度对这些类别进行提炼，并根据任务的性质对其进行细分类。根据侦察、了解和指挥的“认知任务”，部署、维护和补给的“到达任务”以及交战和生存的“力量任务”，对各个系统在这些任务中所起的作用都给予了评价。

然后，研究小组运用以价值为中心的思维方法对各种各样的技术和系统进行评分。评分以决策者的价值观为基础，具有未来展望意识，总体上详尽无遗，个体上又相互独立。根据未来权重的敏感度分析，对重大技术和系统的价值都进行了能力效用测定，以此评估这些能力并给其打分，最后再根据其相对的效用进行等级排列。此后，将每项技术和系统相应于在本研究所预测的各种可选未来中出现的其他所有技术和系统进行打分。各种技术、系统和未来世界之间的这种交叉比较可以得出那些无论何种未来都具有最大效用的技术和系统。

1.2.4.2《蓝色地平线》战略研究采用的方法

2009 年 5 月，美国空军麦克斯韦空军基地战略与技术中心主管约翰·吉斯首次公开提到了《蓝色地平线》的研究进展。2009 年底，美国空军大学网站公开了《蓝色地平线》的部分研究报告。该项研究是《空军 2025》的后续研究工作，2007 年启动，由空军参谋长委托空军大学主导，多名专家参与。美国空军希望其“空军智库”对未来战略和技术趋势进行分析研究。

（1）研究内容

《蓝色地平线》的研究目标是确定哪些技术是未来美国空军所必需的，这些技术的选择既要能使美国空军保持领先优势，又要能够得到国会的支持。该研究在《空军 2025》部分成果和《国家安全战略》的基础上对美国未来可能面临的安全挑战进行了分析，提出相应能力目标，并进一步分析研究了未来武器概念和技术对美国空军保持航空、太空、网际空间的优势的重要性，从而确定那些可以满足美国空军未来能力需求的有重大影响的基础性技术。《蓝色地平线Ⅱ——空军 2030 年的未来能力和技术》研究报告分析和描述了美国未来面临的四种主要挑战对象：“最具超级大国潜力”的中国、中东的伊斯兰分离势力、“失败国家”以及复兴中的俄罗斯；基于这些挑战，文中评估了 58 项可能的未来系统或概念以及 172 项关键的使能技术；并得出了一系列比较重要的分析和研究结论与建议。

（2）研究方法

《蓝色地平线》延续了空军大学的一贯方式，对研究方法比较重视。

该研究基于空军需求，首先研究了可选未来，即对未来的对手、战略环境进行分析、预测。对于该战略研究中的系统概念和关键使能技术，该研究采用了定量的分析模型，模型方程是：

$$S(x) = \sum_{j=1}^{m} \frac{1}{m}\left[\sum_{i=1}^{n} \omega_{im}\mu_i \right];$$

每个系统概念的价值模型打分都是针对前述的几种不同可选未来进行的，之后进行整体排序。

58 项系统概念都利用这种能力函数进行分值计算。能力分值与价值分值相乘，得到最终分值；同时，对于不同的场景，模型架构相同，但权重不同。技术的模型也是采用类似的方法，分别对 58 项系统概念涉及的 172 项技术进行计算打分和最终排序。经过研究、计算、排序，该战略研究中前 10 项系统概念分别为：可与有人机协同作战的“探路者”无人机、虚拟空间的“网际空间无人机”、陆基混合高能激光器系统、部署在太空中的太阳能天基固体激光器（SBSSL）、采用核动力的未来机载激光器（FAL）、具备快速飞行能力的“秃鹰”远程无人作战飞行器、近期投入部署的近距战斗机、能够在高速状态下投放武器的 B－3X 超声速打击平台、装备定向能武器的战术飞机、能够全球到达的高超声速攻击机。

1.2.5 日本防卫技术战略规划

2016 年 8 月 31 日，日本防卫省发布了首份《防卫技术战略》，并同期发布《2016 年度版防卫技术中长期展望》《装备采办战略计划》《无人装备研究开发构想》等文件，规划了未来一定时期日本防卫技术和武器装备的发展方向和重点，反映了日本谋求防卫技术优势地位、通过技术创新带动防卫能力整体提升的战略图谋，值得高度关注。

1.2.5.1 出台背景

安倍上台以后，日本全面加速国家“正常化”步伐，积极推动国家安全战略调整，相继出台防卫技术相关战略文件，将先进技术能力视为维护国家安全、“夺回强大日本”的重要支柱。主要目的有三个：一是适应技术的时代发展特征。《防卫技术战略》认为，科学技术突飞猛进，军用技术与民用技术之间界限日趋模糊，并逐步向军民两用方向发展，军民融合程度更深，各国普遍重视通过二者相互促进实现技术创新。科学技术具有多重适应性，不同技术领域广泛交叉融合，基于某种目的研发的成果也可应用于其他方面。二是应对“严峻的周边安全环境”。《防卫技术战略》强调，日本周边安全环境日趋严峻，朝鲜不断开展核与导弹研发试验，俄罗斯持续推进军事现代化，且军事活动日益活跃。日本未来面临的各种问题和不确定、不稳定因素更加突出，尤其是在防卫预算紧缩的形势下，需要遴选并强化对国家安全至关重要的技术能力。三是确保日本的技术优势地位。日本 2013 年发布的《国家安全保障战略》明确提出高技术是国防实力的基础。同年颁布的日本国家《科学技术创新综合战略》确立了“技术创新能力世界第一”的目标。《防卫技术战略》再次提出，要确保领先一步的技术优势，增强日防卫能力，防止技术突袭。

1.2.5.2 主要内容

此次发布的四份文件中，《防卫技术战略》是日本防卫技术发展的顶层战略文件，明确了未来 20 年防卫技术发展的战略目标和举措；《2016 年度版防卫技术中长期展望》对过去 10 年防卫技术发展进行了评估，规划了未来 20 年需要重点建设的防卫能力、重点发展的技术方向以及重点培育的萌芽技术；《装备采办战略计划》明确了未来 10 年要重点采办的 12 类防卫装备及其全寿命费用估算；《未来无人装备研究开发构想——以无人机为中心》是无人装备特别是无人机及其技术未来 20 年发展路线图。

（1）《防卫技术战略》

《防卫技术战略》主要内容包括政策制定背景、战略定位及目标、需要关注的重大问题、具体实施举措等。其中，战略目标是确保技术优势地位，高效研制先进防卫装备。具体举措为：一是准确掌握包括民用技术在内的科技情报；二是发掘并培育具有军事应用潜力的先进技术；三是完善知识产权管理制度，加强技术安全管控。

（2）《2016年度版防卫技术中长期展望》

《2016年度版防卫技术中长期展望》主要内容包括中长期技术评估的目的、未来技术发展方向、未来应开展的相关工作等，明确了未来的军事能力、技术方向及萌芽技术。

13项军事能力：警戒监视，信息收集与共享，力量投送，指挥控制与通信，海空优势，岛屿作战，弹道导弹防御，特种作战防御，空间进入、利用与控制，赛博空间防御，大规模灾害预防与控制，国际维和，模拟仿真能力。

18个技术领域：地面移动机器人，无人机，无人舰艇，单兵装备，核生化爆防护，医疗，精确制导，未来车辆，未来舰船，战斗机，垂直起降飞行器，情报搜集和侦察，电子战防御，赛博空间，指挥控制与通信及电子攻击，综合评估，太空，后勤保障。

21项萌芽技术：储能，太赫兹，电磁超导推进，生物传感器，纳米材料，先进碳材料，超材料，声呐水下成像，量子加密，脑机接口，新能源，人工智能，微机电系统，量子测量与传感，超燃冲压发动机，大容量激光毫米波通信，电磁波推进，脉冲爆震发动机，能量无线传输，变形飞行器，触觉传感器。

（3）《装备采办战略计划》

《装备采办战略计划》列出了12类重点装备的采办计划，包括："标准-3"Block Ⅱ拦截导弹，中程地空导弹（改型），"全球鹰"无人机，AAV7系列水陆两栖车，新型护卫舰，UH-X直升机，"鱼鹰"倾转旋翼机，SH-60反潜直升机，P-1固定翼巡逻机，C-2运输机，F-35A战斗机，未来战斗机。

（4）《未来无人装备研发构想》

《未来无人装备研发构想》聚焦无人飞行器技术，明确了未来技术发展方向、需要开展的工作、研发成果的应用等，提出要以推动无人机成为未来15～20年主要防卫装备为目标，围绕机身、动力、自主化、人工智能、指挥系统及通信、传感器、电子战等技术开展研究。

1.2.5.3 主要特点

（1）建立了较为完整的防卫技术战略规划体系，有效指导和牵引防卫技术的创新发展

日本防卫省首次发布《防卫技术战略》等文件，填补了日本防卫技术领域顶层战略的空白，标志着日本在防卫技术领域已经建立了由防卫技术发展战略、中长期发展规划、技术发展路线图构成的战略规划体系，为防卫能力发展提供技术支撑。这些文件依据《国家安全保障战略》《防卫计划大纲》《中期防卫力量发展计划》等顶层战略文件制定，是日本防卫战略在技术领域的具体落实。此外，《防卫技术战略》与日本政府内阁会议2016年发布的《科学技术创新综合战略》以及《第5期科学技术基本计划》等国家科学技术顶层战略规划相衔接，确保防卫技术军民融合发展。

（2）运用面向未来、基于能力、层层细化的技术导出方法，科学确定军事能力和技术发展需求

为确保技术发展方向与作战需求的一致性，《2016年度版防卫技术中长期展望》采取了“军事能力—建设目标—支撑功能—技术领域—关键技术和萌芽技术”的技术导出方法，确定应在未来20年需要发展的技术领域和重点方向。首先，依据《国家安全保障战略》等文件，适应2006年以来周边安全环境变化、世界科技发展态势，导出未来需要重点发展的13种军事能力。其次，明确每类军事能力建设目标，并将军事能力分解为若干支撑功能。例如，在指挥控制与通信能力方面，提出了强化岛

屿的基础通信网络及部队间的数据链接功能的发展目标，并将该能力进一步分解为信息共享、情况判断及电子攻击防御等三项支撑功能。最后，综合考虑技术发展的自主性和可能性，导出支撑军事能力和各项功能的关键技术和萌芽技术。

（3）立足世界国防科技发展规律和日本防卫需求，明确技术发展方向、发展重点和发展策略

《防卫技术战略》等文件的主要内容，既适应日本的国情军情，也体现了当前及未来世界国防科技发展的基本规律，具有鲜明的时代特征。在体系布局上，日本确定的18个技术领域，与美国国防部2017财年重点投资的17个技术领域（占国防科技预算的75%），覆盖范围大致相当。在发展重点上，结合日本防卫需求，重点支持信息、无人、先进平台、作战支援保障等方向。其中，信息领域重点发展情报监视侦察技术、赛博空间攻防技术、指挥控制与通信技术等；无人领域重点发展仿生技术、自主技术等；先进平台领域重点发展高隐身、高机动和跨域平台技术等；作战支援保障领域重点发展单兵辅助装备技术、核生化爆防护技术等。在发展策略上，更加注重发挥本国民用技术的优势，对于民间已积极推进的技术领域，防卫省采用持续参与的方式推进军事应用；对于核心技术领域，立足自主研发，在有限的资源内予以优先支持。

（4）通过加强科技情报、人才培养和技术管控，夯实技术创新发展的基础

《防卫技术战略》着眼于把握技术态势，培育先进技术，防止技术外泄等方面提出了若干措施。一是重视科技情报，引导发展路径。在内容上，重点关注国内外军民两用技术、处于萌芽阶段的尖端技术等防卫技术动向，进行技术对比、预测与遴选。在手段上，与国家安全保障委员会和综合科学技术创新委员会等机构合作开展情报搜集，并灵活采用派遣海外调查员或外包给调查公司等方式。二是注重培养具有技术鉴别力的人才。未来将重点培养能够从海量科技情报中甄别具有巨大军事应用

潜力的民用技术，预测未来技术发展趋势的高水平技术鉴别人才。三是加强技术管理，防止技术外泄。《防卫技术战略》提出，防卫省应建立知识产权管理制度，评估防卫技术出口对国家安全的影响，防止技术外泄动摇日本技术优势地位、暴露日本国防实力。

此次日本出台《防卫技术战略》及相关文件，在军事导向上注重与《国家安全保障战略》《防卫计划大纲》的承接，在技术导向上注重与国家《科学技术创新综合战略》《第5期科学技术基本计划》的对接，在经济导向上注重与《防卫生产和技术基础战略》的融合，反映了日本将防卫技术根植于国家科技总体布局的体系化设计思路，反映了日本以举国之力推动防卫技术创新发展的理念，将对提升日本防卫技术乃至整体科技实力具有较大的推动和促进作用。

1.2.6 小结

本节内容介绍了以美国和日本为代表的典型国防科技战略规划方法，其中美国国防部的国防战略规划方法最为成熟，其框架固定，环境与需求分析明确，重点领域划分清晰，研究团队构建和人员选择方法明确，制定和审核流程合理且有效。美国空军在进行科技战略规划研究时，具有较强的创新意识，从《通向新地平线》开始就在研究方法上走在各军种前列。而《技术地平线》中的四个步骤“10+10技术-能力”方法、AFRL聚焦长期挑战的逐层分类至项目的方法以及《蓝色地平线》战略研究中的可选未来想定和价值评价模型等方法都具有较好的研究和实用价值；同时，国防部和空军的科技战略并非都能充分发挥作用，这里也有很多经验教训值得借鉴。

1.3 科技战略规划的主要方法

科技战略规划过程可分为战略分析、战略制定、战略实施、战略评估四个阶段。这四个阶段前后相继，既相互独立，又彼此制约，构成了一个完整的科技战略规划的系统过程。综合国内外科技战略规划，在其各个过程主要采用的方法主要包括以下几种：

1.3.1 净评估方法

1.3.1.1 概念

净评估（Net Assessment）概念是20世纪70年代由美国人安德鲁·马歇尔创始，并被美国国防部采用。起初主要着眼分析和解决安全问题，帮助决策者识别当前战略关系、安全竞争走向，以及哪些因素决定未来军事力量对比，是跨学科的战略性评估过程。后来不断扩展，逐步涵盖环境、作战、绩效、风险等各类评估，成为内容广泛的运筹方式。在实际运作上，净评估可分为面向国家战略问题与面向联合问题的两类净评估活动。前者为本国及其盟国与潜在敌人国家安全机制互动关系的比较分析，重心是战略环境评估、国力评估、未来趋势分析、不对称分析及政策分析等，以提供国家指挥当局制定国家安全目标；后者为本国及其盟国与潜在敌人武装部队能力的比较分析，重心是战略环境评估、军力评估、未来趋势分析、不对称作战方法及兵力风险评估等，以提供参联会主席制定国家军事目标与各种作战计划。这两类评估均由美国国防部评估办公室牵头组织。净评估层级、领域不同，其“问题中心”不同，但是分析敌我双方能力的评估方法与逻辑，可以应用到每个层级和领域。

1.3.1.2 主要内容

美军战略净评估以策略规划的逻辑模型为基础，其评估内容主要包括描述长期的军事发展及趋势，涵盖准则、战略、科技、兵力、战力、武器的设计与特性等；检视根深蒂固、可能影响长期国家竞争的社会与文化价值观；评估己方在竞争环境中军事平衡的优势及劣势；确认军事竞争中未来的机会与威胁；强调未来可能影响军事平衡的趋势；找出双方军力态势的竞争优势及特性；等等。由于需求变化、资源发展、情况掌握都不确定，因此极少严格遵循固定步骤顺序进行。但就国家层面的净评估作业而言，大致可有如下步骤：

（1）安全目标确立

确立国家安全目标是重要的引擎和航标，否则净评估作业就会失去方向，国家安全战略与政策就无从谈起，安全资源的投向投量就会因缺失指导而无的放矢，综合国力就不能得到整体高效运用，也就难以建立起“核心竞争优势”。

（2）国家现状描述

国家现状描述就是于国际大环境的“利害结构”中了解国家所处位置，知晓国家现在状态。通常着眼国际环境，以国家目标为牵引，从政治、经济、军事、社会、科技等领域，对国家运营状态进行检讨，发现存在问题和缺陷，找到努力的方向并为战略指导提供依据，绘制走向为未来的蓝图——潜在的“价值链”。国家背景描述通常要分析面临的国际环境、国际地位、运营现状及未来发展趋势等方面情况。

（3）内外环境分析

环境分析，是对内部优势与劣势和外部机遇与威胁的分析。按照内因与外因关系的原理，国力的增长、衰退变化与内外环境关系密切。环境分析的目的，在于谋求如何更好地适应环境，提高运营绩效。当然也有谋求改造环境之意。

（4）竞争对手分析

竞争对手（假想敌）分析，是站在对手的立场上，以其惯常的思维方式和行为准则等，进行的所谓“反净评估”。其目的是了解对手现状与未来状态。当然，对手分析也要遵循上述国家安全目标、内外环境分析等程式。

（5）潜在对手分析

潜在对手分析，是指对第三者介入（加入或干预）情况的分析。其目的在于排查除了敌我双方外，有无第三者介入进而改变敌我“赛局”的可能情况发生，以便“增强环境的确定性和可预测性”，使一切尽在预料和掌控之中。若有第三者介入的可能，就要像分析对手一样进行“反净评估”，以便运用国家安全资源，采取武器管制、军费援助等手段，降低第三者介入可能带来的风险。对第三者介入的分析，一般要设置多方博弈场景，静态博弈分析的同时，也要考虑动态交互过程及作用影响结果。

（6）战略策略优化

国家战略策略（政策）优化，是通过上述矩阵分析，依据国家目前状态、对手及潜在对手状态，确定国家未来应有的状态，构想未来战争（作战）情景、筹谋安全资源的发展与运用。矩阵分析必然出现“平衡”或“不对称”状态的许多选项，需要基于各方不同的状态和需求，从中找出最为有利的选项。其根本目的：一是创造敌我竞争的“代差”，进而主导竞争、控制风险；二是确保达成目标的“成本最小化”而“效益最大化”。

1.3.1.3 基本特点

第一，净评估的核心指导原则是对竞争双方的互动进行动态分析。这要求同时分析双方实力，发现战略非对称点和相对优势，还需要统筹考虑双方可能采取的行动、战法和战略等许多非量化因素，对互动结果做出全面客观的分析。这在很大程度上弥补了传统的“系统分析”只注重静态的定量分析的缺陷，在方法论和理念方面具有先进性。

第二，净评估注重分析长期趋势，突出相对优势和弱点，以便发现可以利用的机会，并提出确保未来安全的可行性对策。

第三，净评估注重诊断性分析而非政策指示。净评估的目的是为决策高层提供安全问题的诊断性剖析，为制定安全和国防战略规划提供背景支撑。只要净评估研究人员对国家安全面临的问题和机遇做出客观、全面、可靠的分析，其他部门的人员就会针对相关问题提出更理想的解决方案。

第四，净评估是一种综合性、多科学的分析方法。根据分析对象不同，净评估可以采取多种定量、定性的分析方法，包括经济学、军事史、政治学、机构行为、心理学、人口学、战略文化和生命科学等领域的理论和方法。因此，净评估需求研究人员具备较为丰富的知识结构。

1.3.2 技术路线图方法

1.3.2.1 技术路线图概念

技术路线图在世界范围内已经得到广泛应用，但并没有统一、规范的定义。下面列举几种相对权威的定义，如表 1.1 所示。

表 1.1　技术路线图定义

国家（代表人物/部门）	定义描述
美国 （Robert Galvin）	技术路线图是对某一特定领域的未来延伸的看法，该看法集中了集体的智慧和最显著的技术变化的驾驭者的看法，一般是采用绘图的形式表达出来的，可成为这一领域可能发展方向的一个详细目录。
英国 （David Probert）	技术路线图是利益相关人关于如何前进的看法以及对达到的目标的看法，就像地图一样，描述的是从一个地方到另一个地方的路径，其目的是帮助这个群体确信其能力是否能在合适的时候达到某个目标。
加拿大 （工业部）	技术路线图是一个过程工具，帮助识别行业/部门/企业未来成功所需要的关键技术以及获得执行和发展这些技术所需的项目或步骤。

技术路线图是指应用简洁的图形、表格、文字等形式描述技术变化的步骤或技术相关环节之间的逻辑关系。它包括制定的过程和最终的结果，能够帮助使用者明确该领域的发展方向和实现目标所需的关键技术，

厘清产品和技术之间的关系。因此，技术路线图具有高度概括、高度综合和前瞻性的基本特征。

技术路线图的横坐标是时间，纵坐标是资源、研发项目、技术、产品和市场。适用于企业产品研发、产业发展规划和区域或国家战略规划。

技术路线图是一种结构化的规划方法，我们可以从三个方面归纳：作为一个过程，它可以综合各种利益相关者的观点，并将其统一到预期目标上来；作为一种产品，纵向上它有力地将目标、资源及市场有机结合起来，并明确它们之间的关系和属性，又预测未来；作为一种方法，它可以广泛应用于技术规划管理、行业未来预测、国家宏观管理等方面。

1.3.2.2 技术路线图作用

（1）行业层面

行业层面的技术路线图，主要是识别行业技术的优先顺序。通过技术路线图过程和结果，行业能够追求更加有利的合作，能管理资源来致力于共同的技术问题。

①从市场方面看：共同认清行业所处经济、社会、环境的变化，识别由此产生的市场驱动因素，并识别达到市场需求所必需的软硬技术；通过展示技术的发展情况，说明技术应用并获得进入市场的机会。

②从投资和资源配置看：通过行业技术路线图，提高行业研究和应用新技术的能力，并促进合作研发；推动加速证明，评估和执行新技术，共同致力于行业需求的科学突破。

③沟通方面：共享行业战略，通过战略行业更能够接近技术（如国际科学和技术合作、技术转移和扩散）；通过行业技术路线图把共同的远景和教育利益相关者进行沟通。

（2）国家层面

技术路线图同样能够对政府的政策目标有贡献。技术路线图能够在政府部门间传达科技政策信息和计划花费决策，推动对技术、创新和研发项目的长远的考虑。因此，在国家层面，技术路线图主要有以下几个方面作用：

①影响主要的研究和创新的赞助者来集中于识别的优先顺序；

②能有效解决关键的非技术障碍；

③能提高部门间的技术转移；

④支持在公共项目中行业共同分担成本，鼓励技术一旦开发出来后的扩散；

⑤识别知识基础上现有的国家能力和鸿沟，识别关键的启动技术；

⑥着重于国家专长的领域，因为在这个领域有出现新产业的可能；

⑦引导投资，避免重复投资和浪费资源。

技术路线图有利于政府更好地进行决策，包括政策决策、投资决策、合作决策等，还可以直接反映本产业的技术发展路线与对相关产业的影响。因此，技术路线图可以更好地依靠产业技术路线图来调整产业政策，引导业界投资与合作，有利于鼓励和引导国家级科研机构和高等院校进行基础研究，加强官、产、学、研的相互合作，促进相关配套产业的发展，从而达到优化配置科技资源的目标，有利于建立顺畅的沟通机制，形成共同的愿景，进而实现将研究更好地应用，提高技术产业化的成功率。

1.3.2.3 技术路线图地位

技术路线图是一种有效的科技决策和管理的工具，它在我国科技战略规划和科技项目管理中具有重要的应用价值。当前，在科技项目实施过程中，将制定和修订技术路线图作为一项制度化的管理程序，既可以扩大科技决策和管理公众参与的程度，提高决策的科学性，又可以将技术专家的洞见、企业家的行动协调起来，同时科技管理专家也可以将技术路线图和经济的全球化结合起来，提高国家科研项目的绩效。没有一个单个公司或行业拥有技术所需的全部资源。通过技术路线图，公司和研究所、政府关系人合作，形成新的伙伴关系，发展创造性的解决技术和已识别的研究需求的方法。技术路线图能推动合作，加强知识共享和减少技术投资风险。实践证明，技术路线图的应用带来了巨大好处。美国国家技术和标准协会认为路线图能够帮助引导投资和配置资源，使之和美国行业优先顺序相一致。另外，技术路线图是帮助美国增加国际市场份额非常有价值的工具。

2006年1月，《国家中长期科学和技术发展规划纲要（2006—2020年）》正式发布，绝大多数的省市政府也先后制定并发布了各自的（2006—2020）或“十一五”科技发展规划纲要，从省级科技中长期规划的编制上投入大量的人力物力，针对区域经济发展战略需求，提出了今后5年或15年里在科技投入、重点发展领域等方面的目标和具体保障措施。但通过对一些省市规划的比较分析表明，研究开发强度目标偏高且趋同、重点发展领域或技术求全、趋同等问题非常突出，说明省级地方科技战略决策没有突出地区特色，一定程度上造成了科技投入的重复浪费；另一方面，大部分地方政府对科技中长期规划的实施过程和目标实现程度缺乏合理的监督和评估机制，即使存在评估，大多数也是以政府的自我评估为主，出现政府“既是裁判员，又是运动员”的情况。

基于技术路线图的科技中长期规划运作模式可以有效解决目前地方科技中长期规划中遇到的问题。首先，基于技术路线图的科技中长期规划，能大大增加其制定时的科学性。在制定过程中，需要对国内外社会、科技、环境和政治发展状况及趋势进行概略分析，掌握国际发展趋势；全面深入分析地方的资源禀赋、优势产业和文化教育等地区特色，真正摸清地方科技、经济和社会的实际特点，明确地方经济社会的发展需求和不同时期地方经济社会对科技的战略需求，找准重大科技问题；充分考虑国家科技发展规划和国家科技管理政策等，明确地方技术路线图是对国家技术路线图的有益补充。其次，基于技术路线图的科技中长期规划，在实施过程中可以实现有效的监督和评估。技术路线图的结果具有客观公正性（参与制定人员不仅包括政府科技主管部门官员、科技专家、科技评估专家，还有经济管理专家、企业家、法律专家和普通社会公众代表等），以它为评估参照，能确保和提高评估的客观性、公正性和质量；另外，国内外科技、政治、经济和社会环境的变化可能使得本省科技中长期规划制定的预期目标、战略任务等与客观实际情况发生偏离，技术路线图有不断修正的特征，随着时间推移和技术进步而动态调整和修订，能为科技中长期规划提供“滚动”修订机制，还可以为构建和评价“监测指标体系”和“预警指标体系”提供依据，最终实现动态监督和评估。

1.3.2.4 技术路线图优缺点

（1）优点

①预测手段上的优点

技术路线图预测功能与其他定性预测手段相比有自己突出的特点：一是技术路线图的预测功能更为系统周密。各种传统的定性预测手段，诸如调研法、讨论法、历史类比法等，无论从程序还是从线索上都较为简明单一，而技术路线图在其制定过程中以自有的预测方法与过程为基础，并吸收了大量定性预测方法参与，这些传统的预测方法在技术路线图制定过程中得到了改造，成为技术路线图制定过程的有机组成部分，使得整个技术路线图的预测过程目标统一、线索清晰、前后连贯、浑然一体。二是技术路线图的预测范围和跨度比传统的各种定性预测都要大。例如从内容跨度上，一般都要经过需求预测、目标预测、技术领域及难点预测，最后到研发路径预测至少需要四个层面的预测。最后，技术路线图预测的主体（参与者）更加广泛、更具代表性，因此，更容易获取准确的结果。

②规划手段上的优点

缜密：技术路线图规划功能的缜密主要表现在其规划的内容非常细

致、周密。例如产业技术路线图在产业目标规划中，既要考虑到其目标的依据——需求以及与之的对应，同时，目标又是以下确立技术难点的依据，这样就形成了需求—目标—技术难点之间缜密的逻辑联系。

可行性强：技术路线图规划的内容可行性强，主要表现在其规划的内容具体、简明，易于在实践中应用执行。如产业技术路线图规划的技术发展路径，包含了一定的时间节点，还包括技术难点的具体描述，优先级别、风险等级、研发主体与技术发展模式等，其规划的内容拿来便可执行，用不着再进行“单选”与“多选”。有此特点，加之其表达方式，此管理工具就具有“路线图”的感觉与功能。

与决策紧密结合：决策是在“两个或两个以上的可选方案中作出选择”。在实际工作中，规划与决策是相互渗透的，有时是密不可分的。但毕竟两者又具有很大区别，因为他们所要解决的问题是不同的。在技术路线图的规划功能中，就包含了比一般规划工具更多的决策因素。在技术路线图制定过程中使用的大量的工作方法和手段，其主要的功能就是在复杂的信息中作出选择和判断，因此，我们说技术路线图的规划功能与决策有着更加紧密的结合。这也正是技术路线图的规划功能之所以比传统的规划工具更缜密、可行性更强的重要原因之一。

③标识手段上的优点

内容丰富，高度浓缩：技术路线图其“图”虽然不是巨幅长卷，但其容纳的内容已经达到最大限度，它包含了技术路线图制定过程论证的全部内容。首先，它包含了从近期到远期至少 3 –5 个时间节点；其次，每个时间节点上的内容非常丰富，包含资源状况、市场等需求状况、目标技术难点以及研发方案等，其技术路线图总报告中的内容在“图”上均有反映。

图文并茂，可视化效果好：形象生动直观的技术路线图产生于 20 世纪 80 年代，在技术路线图产生之前，就有以图表形式对工作进行安排和计划。早在 20 世纪之初，亨利 · 甘特基于生产作业排序的目的，将活动与时间联系起来，发明了甘特图，成就了当时管理技术上的一次革命；20世纪50年代后期，在美国产生并发展起来一种以网络图为基础的网络计划技术，这种技术将一项任务分解成许多工作，根据这些工作在时间上的衔接关系，用箭线表示它们的先后顺序，将各项任务在一定时间序列中相连接，这就是网络计划的主要内容。以上无论甘特图还是网络图，在内容上比较单一，结构上简单，而技术路线图在甘特图和网络图的基础上，将文字、图形、色彩等要素融入“图”中，使得技术路线图的“图”更生动、形象，视觉效果更佳，标识效果更强。

④沟通功能上的优点

在技术路线图的诸多功能中，沟通功能最能反映其作为现代管理工具的特点及优越性能，也最能反映现代社会对管理工具的诉求。所谓沟通就是人与人之间、人与群体之间、群体之间思想认识与感情的传递和反馈的过程，以求思想认识达成一致和感情的畅通。松下电器创始人，被日本人称作“经营之神”的松下幸之助有句名言，“企业管理过去是沟通，现在是沟通，未来还是沟通”。企业管理如此，其他领域管理又何尝不是如此。技术路线图自产生以来很快为人们所接受，很大程度上是因为它满足了现代社会个人、组织相互之间联系沟通的需要。技术路线图的沟通功能是其他管理工具所不具备或不可替代的。技术路线图的沟通功能是一种基于共同目标、共同行动的沟通，在技术路线图制定过程中，它的沟通功能是通过以下方法实现的：即专家、工程人员会议讨论沟通，这是技术路线图制定过程中最常见的沟通方法；函询征求专家意见进行沟通，再制定技术路线图。

与传统的规划工具相比，技术路线图的沟通功能有自己的特点：一是全面，指技术路线图的沟通功能与传统规划工具相比更全面；二是深刻，指技术路线图的沟通内容比较深刻；三是充分，指技术路线图的沟通不是点到为止，而是各种信息充分展示，各方面人员充分发表意见，各种沟通的方法充分发挥作用；四是具体，技术路线图的沟通能够涉及事物领域内部的各个具体过程和环节之中。经过技术路线图制定过程中的相互沟通，技术路线图制定参与者之间能够达到最大限度认知、理解；通过相互沟通，凝聚技术路线图的各利益相关者，搭建有关公共交流的平台并为共同携手合作奠定基础。比如，通过产业技术路线图制定过程中的沟通，搭建产业链上的相关企业联盟、产业联盟或产学研联盟等。

（2）缺点

目前的路线图绘制主要是基于专家分析，依靠专家的智慧判断来完成，主观性比较强。也有少数的单纯基于文献计量的方法来实现，这种方法受情报分析人员学科背景经验的不足，以及文献本身的滞后性影响，不能够全局把握学科发展的态势分析。

1.3.3 技术预见方法

1.3.3.1 概念

技术预见是对科学、技术、经济、环境和社会的未来进行有步骤的探索过程，旨在选择可能产生最大经济效益与社会效益的战略研究领域和通用新技术。通过技术预见方法选择国家关键技术是保证技术选择的科学性和民主性、权威性和影响力的重要手段，也是科技战略规划将计划手段与宏观政策调控结合起来的有效途径。

1.3.3.2 主要方法

德尔菲法，也称专家调查法，1946 年由美国兰德公司创始实行，它广泛应用在技术预见、社会评价等众多领域，是以专家作为索取信息的对象，依靠专家的知识和经验，由专家通过调查研究对问题做出判断、评估和预测的一种方法，是一种非见面形式的专家意见收集方法和专家及社会智力资源集中、碰撞和集成的方法。德尔菲法在技术预见中的应用并不是追求结果的精度，而是重点在于把握技术发展的趋势，通过专家的协商交流达成共识，最终付诸实际行动。通过德尔菲法来表达社会各界的意愿，这是典型的技术系统论的具体体现，在实际应用中，德尔菲法成为技术预见的有效工具。

德尔菲法的实施程序一般分为组建预测小组、选择专家、设计问卷、实施调查、反馈汇总等步骤。

预测小组的组建：预测小组的组建是使用德尔菲法调查的第一个步骤。预测小组负责整个技术活动过程，包括拟订项目评估、预测主题；选择专家；制定、发放、回收咨询专家的评估、预测调查问卷；并最终依据专家反馈的意见及结果进行一系列的整理、统计、分析等工作。

专家的选择：专家是德尔菲法的核心要素，可以说专家的选择是德尔菲法预测成败的关键问题。一般而言，对所选择的专家应具有两个要求，即专业性和敬业性。一方面选择与调查主题相关的各个分支学科中的权威专家，保证调查的权威和评价的不偏不倚；另一方面选择的专家需要自始至终参与，并保证各轮调查的及时反馈。专家选择的基本原则必须突出广泛性、权威性和代表性，兼顾相关专业领域和地域分布。从专家数量规模看，参与调查的专家人数对调查结果的精确性起决定作用。人数太少，意见容易趋于统一，没有参考价值；人数太多，难于组织和结果处理。预测精度与参加人数呈一定的函数关系，当参加专家数量为15 人左右时，预测精度达到最高，进一步增加专家人数不会对预测精度产生太大的影响。考虑到有些专家可能中途退出，一般选择20 人至50 人为宜。

问卷设计：调查问卷的设计是德尔菲法一个关键步骤。问卷中首先要有相应的背景介绍材料，以说明本次研究的目的、意义和方法；其次应对德尔菲法过程做简要介绍，以及专家在本研究中所起到的关键作用，让专家对采用德尔菲调查法流程的调查问卷有一个初步的认识；最后根据研究主题设计出具体要征询的问题，以及具体的填表说明，最好有一个简短、准确和观点明确的范例供专家参考。为了最大限度地提高德尔非问卷调查的质量，设计的问题必须清晰简练；形式要简单、明确，让专家容易理解和判断；数量不宜过多、过于繁杂。另外，问卷的设计除了必须用文字表述外，应尽量用数字或符号表述，这样可以节省答卷专家的时间。特别指出的是，在德尔菲法的实施过程中，任何情况下项目评估组织小组或领导者个人都不能把自己的主观意见列入专家咨询表中，以保证调查的严肃性和结果的公正性。

调查的实施：问卷一般需要经过两轮甚至更多周期的调查才能实现。首轮问卷一般包括专家信、背景资料、问卷等内容。此阶段问卷含有一些开放性问题，以便专家能自由表达观点和补足。第一轮问卷回收后，由评估小组对专家填写后寄回的问卷进行汇总、整理和分析。结果应包括最大值、最小值、中位数、四分位数和四分位数间距。根据第一轮调查的结果有针对性地进行第二轮调查。将第一轮问卷的专家判断意见归纳综合，统计汇总，同第二轮问卷一同寄给第一轮征询的专家组，同时将结果涉及的存关统计术语（中位数、四分位数间距）向专家作必要的解释说明，并询问每一位专家组成员在看完第一轮小组的平衡结果之后是否有异议。如果专家的预测与其他专家出入较大，而专家仍要坚持自己原来的预测，要请他给出理由。逐轮收集意见并向专家提供反馈信息是德尔菲法的主要环节。包括新的预测结果及部分专家不同意第一轮问卷结果的意见，整理第二轮调查材料并对前二轮调查结果进行综合分析，决定是否需要做第三轮问卷调查以获得进一步一致的预测，绝大多数预测已经判断一致，则无须再做下一轮调查；若预测的结果分歧很大，则有必要做第四轮甚至第五轮问卷调查，以获得较一致的预测。最后对调查的结果组织高层次专家进行审核论证，并形成预见结果。

1.3.4 体系贡献率评估方法

1.3.4.1 概念

体系贡献率指某项技术或装备对“作战体系”或“装备体系”，为完成作战任务、达成使命目标、满足能力需求所发挥的贡献作用的一种度量。评估关键技术装备对体系贡献率的实质就是对体系各要素重要程度的计算。根据已知数学理论，系统某要素的重要程度可以转化为该因素的波动对整体的影响程度，利用该值为改进作战体系和优化作战流程提供数据支撑。

从目前的研究现状来看，主要有两类评估指标：一是基于体系能力指标来度量贡献率，二是基于体系效能指标来度量贡献率。体系能力指标能够从宏观总体的角度（通过计算在所有任务清单中的贡献率）来度量贡献率，但指标的精确量化和数据来源问题较难解决。而体系效能指标能够明确地度量装备对某个具体作战体系的使命任务的贡献率，数据来源能够通过解析、仿真等计算模型得到。但是在对贡献率进行综合评估时，往往难以用局部代替整体，即以装备在某些作战场景下对某些具体作战体系使命任务贡献率来说明装备对全军作战体系或者整个军兵种作战体系的贡献率。因此，如何将能力—效能两类指标体系结合起来，采用定性－定量综合、解析－仿真综合的方法，建立数据易于获取、定量化较好的体系效能指标到全局描述性好的体系能力指标之间的定量关系模型，从而能够对贡献率进行全局性、综合性评估是一个亟需解决的问题。虽然目前对体系能力的度量还存在很多难题，但应该在不断积累效能数据和加深对体系认识的基础上积累体系能力的评估手段和方法。可采用仿真手段获取典型想定下的体系作战效能数据，作为定性定量结合的数据基础，综合集成仿真效能数据和专家知识对各种使命和任务清单中的各任务的能力指标加权计算，得到综合贡献率。

1.3.4.2 评估方法

能效综合评估方法的核心问题是厘清体系的使命能力和作战任务之间的关系。能力是对体系进行评估的基本准则，体系能力要通过体系内部要素完成一系列的任务来实现。因此对于体系贡献率评估来说，其前提是对体系能力的种类、有无和大小进行评价，然后对待考察的装备系统在能力要求下的任务完成情况进行评估，并且综合装备系统完成各项任务的效能或者能力以及这些任务在体系能力中的作用对体系贡献率进行综合评价。

为解决以上问题，能效综合的评估方法采用定性、定量相结合的能力—任务—机理评估回路。体系贡献率评估首先要以定性为主的方法描述体系的能力需求、作战任务以及能力与任务之间的关系，然后采用定量为主的效能评估方法来对能力和任务及其关系进行验证，在此基础上通过对结果的机理分析来从体系能力生成和任务链路运行等角度说明装备系统对体系的贡献程度及其原因，最终落实到装备系统对体系作战效能和能力生成机理的贡献率。

评估方法的实施基础是设计一系列作战体系的关键能力问题（CCI，支撑能力生成和使命完成的作战体系级别的关键问题）和待评装备系统的关键任务问题（CTI，支撑作战活动顺利进行和任务达成的装备系统级别的关键问题），包括以下三个阶段：第一阶段采用能力需求满足度的方法，自顶向下将安全战略需求层层分解到作战体系的能力要求，再由能力要求提出装备功能需求和贡献率评估需要。第二阶段要从底向上，从某个装备出发，充分考虑该装备对于填补体系能力差距所发挥的作用，明确该装备所支撑的作战任务和使命能力，并明确使命能力和任务之间的关联关系。第三阶段是在前两个阶段的基础上设计一系列关键能力问题和关键任务问题，并建立能力和能力之间、任务和任务之间、能力和任务之间的关联关系。这两类关键问题都包括己方体系配置、作战环境和敌方情况、使命任务及其效能度量指标等要素，如图 1.8 所示。

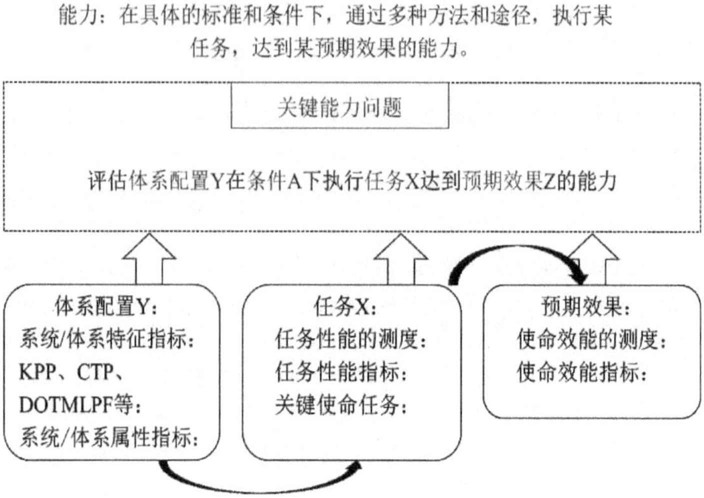

图 1.8　关键能力问题示意图

实施评估方法的关键是综合采用解析计算和效能仿真方法，从能力和效能两个方面对体系贡献率进行整体性评估。一方面，基于功能网络解析计算的能力贡献率结果能够对作战体系全局进行初步的问题空间探索和分析，建立关系清晰、易于理解的贡献率因果关系模型，并且指导效能仿真的想定设置和实验方案设计；另一方面，基于仿真实验的体系贡献率评估结果是体系能力在特定作战环境下的效能体现，能够对体系贡献率的能力解析计算结果进行验证和校准。因此我们可以综合两个方面的评估结果进行贡献率结果相互校验、结果一致性分析和贡献率能力机理解释，提高贡献率评估的科学性、真实性和可靠性。

1.3.5 SWOT 分析

1.3.5.1 概念

SWOT 分析法（又称 TOWS 分析法、道斯矩阵）即态势分析法，20世纪 80 年代初由美国旧金山大学的管理学教授韦里克提出，经常被用于企业战略制定、竞争对手分析等场合。在当今的战略规划报告里，SWOT 分析应该算是一个众所周知的工具。包括分析研究目标的优势（Strengths）、劣势（Weaknesses）、机会（Opportunities）和威胁（Threats）。因此，SWOT 分析实际上是对组织内外部条件各方面内容进行综合和概括，进而分析组织的优劣势、面临的机会和威胁的一种方法。

1.3.5.2 评估方法

SWOT 分析方法包括优劣势分析、机会和威胁分析。优劣势分析主要是着眼于组织（研究目标）自身的实力及其与竞争对手的比较，而机会和威胁分析将注意力放在外部环境的变化及对组织（研究目标）的可能影响上。在分析时，应把所有的内部因素（即优劣势）集中在一起，然后用外部的力量来对这些因素进行评估。

（1）外部环境分析

针对组织（研究对象）外部环境的各领域或层面，从机遇和威胁两个角度进行专业评估，旨在掌握总体环境的变化趋势，找出未来环境变化可能对组织的影响。重点分析组织、竞争对手、环境三者之间的相互关系或者相互作用方式，是否对组织发展有利，并寻求借助外部力量使其得以生存发展。

机遇，即在外部环境中具有战略吸引力的机会或者未来发展可能带来较大战略利益、提升竞争地位的机会。如战略利益的提升、战略环境的改善等。对国家战略机遇的评估，旨在掌握政治、经济、军事、社会、科技等领域的演变，以有利于达成目标。

威胁，即在外部环境中一种不利的发展趋势所形成的挑战和风险。如果不采取相应的战略作为，这种趋势将导致竞争地位的削弱。如：可能面临的战略危局、强势竞争对手的加入等。对国家战略威胁的评估，旨在讨论政治、经济、军事、社会、科技等领域的形势演变是否不利于达成目标。

（2）内部环境分析

针对组织的硬件和软件两个方面，从优势和劣势两个角度进行评估分析，探索竞争优势的来源与所在，了解组织的确切实力。最基本的是分析组织及其竞争对手，在各自要素结构及其活动过程方面的优劣势。

优势，即在问题领域中，组织内部因素优于竞争对手的方面或独有的、固有的实力和长处，比如技术较为领先、装备较为先进、工业基础强等。在国家层面，就是国家资源与能力的组合，包含军事能力的总和与“安全资源支撑和维护国家利益的最大极限”。

劣势，即在问题领域中，组织内部因素弱于竞争对手的方面或有较大影响的漏洞和不足，比如实力较弱、科技水平较为落后、工业基础差等。在国家层面，就是指国家资源与能力的不足，或是更易为敌方所攻击的要害。

1.3.6 PEST分析

1.3.6.1 概念

PEST分析是指对宏观环境的分析，宏观环境又称一般环境，是指一切影响行业和组织的宏观因素。对宏观环境因素作分析，不同行业和组织根据自身特点和经营需要，分析的具体内容会有差异，但一般都应对政治、经济、社会和技术这四大类主要外部环境因素进行分析。

1.3.6.2 主要内容

进行PEST分析需要掌握大量的、充分的相关研究资料，并且对所分析的组织有着深刻的认识，否则，此种分析很难进行下去。经济方面主要内容有经济发展水平、规模、增长率、政府收支、通货膨胀率等。政治方面有政治制度、政府政策、国家的产业政策、相关法律及法规等。社会方面有人口、价值观念、道德水平等。技术方面有高新技术、工艺技术和基础研究的突破性进展。

（1）政治环境

政治环境包括一个国家的社会制度，执政党的性质，政府的方针、政策、法令等。不同的国家有着不同的社会性质，不同的社会制度对组织活动有着不同的限制和要求。即使社会制度不变的同一国家，在不同时期，由于执政党的不同，其政府的方针特点、政策倾向对组织活动的态度和影响也是不断变化的。

（2）经济环境

经济环境主要包括宏观和微观两个方面的内容。宏观经济环境主要指一个国家的人口数量及其增长趋势，国民收入、国民生产总值及其变化情况以及通过这些指标能够反映的国民经济发展水平和发展速度。微观经济环境主要指企业所在地区或所服务地区的消费者的收入水平、消费偏好、储蓄情况、就业程度等因素。这些因素直接决定着企业目前及未来的市场大小。关键经济变量包括GDP及其增长率、可支配收入水平、居民消费（储蓄）倾向、利率、通货膨胀率、规模经济、政府预算赤字、消费模式、失业趋势、劳动生产率水平、汇率、证券市场状况、外国经济状况、进出口因素、不同地区和消费群体间的收入差别、价格波动、货币与财政政策。

（3）社会环境

社会文化环境包括一个国家或地区的居民受教育程度和文化水平、宗教信仰、风俗习惯、审美观点、价值观念等。文化水平会影响居民的需求层次；宗教信仰和风俗习惯会禁止或抵制某些活动的进行；价值观念会影响居民对组织目标、组织活动以及组织存在本身的认可与否；审美观点则会影响人们对组织活动内容、活动方式以及活动成果的态度。关键的社会文化因素包括妇女生育率、特殊利益集团数量、结婚数、离婚数、人口出生死亡率、人口移进移出率、社会保障计划、人口预期寿命、人均收入、生活方式、平均可支配收入、对政府的信任度、对政府的态度、对工作的态度、购买习惯、对道德的关切度、储蓄倾向、性别角色投资倾向、种族平等状况、节育措施状况、平均教育状况、对退休的态度、对质量的态度、对闲暇的态度、对服务的态度、对老外的态度、污染控制对能源的节约、社会活动项目、社会责任、对职业的态度、对权威的态度、城市城镇和农村的人口变化、宗教信仰状况。

（4）技术环境

技术环境除了要考察与企业所处领域的活动直接相关的技术手段的发展变化外，还应及时了解：国家对科技开发的投资和支持重点；该领域技术发展动态和研究开发费用总额；技术转移和技术商品化速度；专利及其保护情况等。

1.4 启示与建议

结合对国外科技战略规划方法尤其是技术路线图方法的研究的经验和教训，根据我国情况提出我国科技战略制定思路或设想的建议如下：

（1）科技战略规划的领军者必须是既懂需求、又明技术的领军帅才

美国国防部国防科技战略的规划以及空军较为成功的科技战略研究经验表明，科技规划的领军人物应当是懂得军方能力需求、明确知晓国防技术的人员。这样的领导者可以充分发挥“需求牵引”和“技术推动”的双重作用，可以与国防部（或军种）良好沟通获知需求，又能与技术专家流畅交流获得技术选项，可以保证国防科技战略的顺利制定和未来实用。

（2）预测 10～30 年科技发展，筛选可能产生显著国防能力优势的技术选项

国外国防科技战略的经验表明，从科技到形成作战能力的周期虽然有所差异，但大多需要 10 年甚至更长时间。这就要求国防科技战略目光要长远，至少能对未来 10 年国防科技发展进行预测和规划，并从中选出

重要的技术领域给予重点支持。

（3）将科技与特定能力需求相关联，审视投资费用，考虑制造难易等因素

国防科技战略的最终目标是将科技转化为武器装备和作战能力。因而在制定国防科技战略规划时，要充分分析能力需求与科技之间的关联性，在提出支持国防科技发展的项目时，还要考虑投资费用、研究周期、制造难易等多种因素。尤其是制造难易这一点，经常会受到忽视，等到想将技术集成到产品时才发现制造能力上有不足，使得技术转化为能力受到阻碍。

（4）需适时对自身科技领域进行评估

美国在制定每一版国防科技战略规划之前，都会对原有的基础研究、应用研究和先期开发等国防科技领域工作进行审查和评估，评估结果将作为规划的重要输入。我国也应当加强国防科技领域工作的评估工作，以更好地掌握国防科技发展现状和发展潜力，这对于更好地规划国防科技全面、健康发展有非常重要的意义。

第二章　科技战略规划的组合分析总体框架和方法论

科技战略更多地体现的是基于能力的组合关系，存在着多种可选项和不同的组合方式，可以设计出不同的发展方案，具有不同的作战能力、经费投入和技术风险。要使效益最大化，风险最小化，必须对各种因素进行综合权衡，提出科技战略规划组合分析的整体框架和方法论，根据战略目的和作战能力需求，确定能力和技术单元候选项，生成组合方案，以及筛选评估组合方案的总体步骤、方法和可能的工具。

2.1 组合决策分析方法研究

2.1.1 组合决策研究

1952 年，美国经济学家首次提出了“投资组合”的概念，开创性地建立了金融证券等领域的投资组合方法，从分散风险和提高回报的角度来评估一组投资资产（如股票、债券、期权、贵金属等），即在获得尽可能大的投资收益的同时使风险尽可能小，形成了现代投资组合理论。随着现代投资组合理论的传播，一些商业公司也开始考虑如何在业务项目中应用该理论。1981 年，McFarlan 首次将现代资产组合理论（MPT）运用于 IT 项目的选择与管理，通过项目组合运作方式实现了风险一定情况下的收益最大化。到 1990 年，项目组合管理（PPM）概念已得到广泛应用，并在企业新产品研发中衍生出产品组合管理（PPM）等。PPM 是指在可用资源和企业战略计划指导下，在企业层次上进行多个项目或项目群投资的选择和支持，通过项目评价选择和多项目组合优化等确保项目组合符合企业的战略目标，从而实现企业收益最大化。PPM 不是简单地对多个项目进行管理，而是超越了传统项目管理的边界，它作为企业项目和战略之间的桥梁将项目实施和企业商业战略结合起来。

科学管理的创始人之一、著名经济学家 H. A. Simon 提出“管理就是决策”，决策是人们为了达到某种目的或完成某种任务而进行的有意识、有选择的行动过程。因此，国防科技战略规划分析决策本质上是结合能力组合管理思想和决策分析技术辅助决策者根据多个目标在有限资源约束下，从众多备选方案中选择一组合理的国防科技战略发展方案。可以看出，国防科技战略发展规划分析决策非常类似于社会经济领域的组合决策分析问题，如资源分配、项目组合选择、产品组合选择、物资采购以及人事管理等。然而，国防科技战略发展的决策环节又是一个涉及跨能力领域且具有完全不同价值体系、认知水平以及决策行为模式等的多个关键利益相关方（或决策者）的群体决策过程。因此，其组合决策分析既是一个预算约束下组合评估与选择决策的技术过程，又是一个多方逐步交互取得共识的社会过程。因此，应充分借鉴经济领域和管理领域的组合优化问题的相关理论方法，抽象出国防科技战略规划中的组合问题，针对具体国防科技领域的特点，例如共性技术和专用技术，施加特定的组合筛选约束。

2.1.1.1 武器装备组合规划分析方法

武器装备作战体系涉及基于能力的武器装备体系组合分析和基于贡

献率的多项技术组合分析等问题。国内在基于能力的武器装备体系组合决策分析方面的研究刚刚起步。唐狄等人针对武器装备体系结构论证的具体要求，提出了面向武器装备体系结构论证的组合决策分析框架。卜广志等人于2012年总结兰德公司Davis等人发表的能力组合分析管理方法相关报告，编译了《武器装备体系能力的组合分析方法与工具》一书，其中的用于系统分析的能力模块、选项生成器与筛选器、组合分析工具为本课题研究提供了很好的方法和工具借鉴。罗吉利讨论了技术贡献率的横向聚合（针对某一能力的技术组合贡献度聚合）和纵向聚合（针对某一技术进行对更上层能力的贡献度聚合）问题。齐晓光将技术贡献度的组合优化评估问题抽象为DEA模型下的背包问题，说明单项有效技术的简单组合不一定是组合最优的，提出一种基于超有效性模型的组合优化评估模型，用于评价装备技术组合的贡献度。这些方法为本课题不同层次组合以及优化评估提供了很好的方法参考。

2.1.1.2 组合决策分析方法

组合决策分析（Portfolio Decision Analysis，PDA）是帮助决策者从一堆离散的方案集合中选择出多个候选项的一系列理论体系、方法技术以及实践活动的共同体，它通常采用数学建模的方式处理决策过程中的相关约束、偏好以及不确定性等。在组合决策背景之下，一个好的决策或者一个好的决策分析应该是什么样的？斯坦福大学的战略决策小组提出了一个决策质量的理论，基本原理是：一旦我们做出了某个决策，决策过程的质量好坏将不能再由决策结果评价。相反，决策的质量应该通过所采用的决策过程进行评价。一个六维的决策质量模型包括影响决策好坏关键的六个核心要素——框架、方案、信息、价值、逻辑以及实施。而决策质量的好坏与六要素中表现最差的那个维度直接相关。基于该六维质量理论，我们将该思想拓展到组合决策分析过程中去，以之作为我们理解组合选择问题的关键，从如上六个核心要素的角度对组合选择进行剖析，从而获取我们研究的着力点。

在典型的决策过程中，决策框架表明了决策者对于问题的理解思路，一般是指“决策什么”与“为什么要决策”。无论是单选或者是组合选择决策活动，明确决策者的权力范围十分必要，组合选择经常包括多方利益主体，可能具备多个决策目标。框架的首要步骤是确立决策者要选择什么，有些情境下的组合选择是清晰的，比如投资/不投资某项目，而有些却并不清晰。不清晰的情形通常是指影响某个决策目标的要素并不同质，且不确定，而对这些要素进行组合直接导致选择对象不明确。一旦当前的组合决策问题确定了候选决策集合，框架的另一个关键步骤就是确定哪些要素应该被选中，而哪些不被选中。毕竟组合是人为构建的一个结构单元，只有当决策者认为某个要素应该放进组合内，它才会以组分的形式出现在组合内。

在决策分析甚至用于决策的其他方法视角中，决策者都希望从中选择自己最偏爱的决策选项，因此，大量的研究工作都致力于确定偏好和价值，以便于执行选择操作。在评价一个组合价值时，因为不同的组合中组分不尽相同，我们需要构建一个包含偏好的价值函数，将其用一定的形式进行表达，为后续必需的比较操作所用。也就意味着，被评价函数赋予更高价值的组合是决策者更加偏好的组合。如果组分价值和可以进行加和操作的，组合价值函数则必须包括适当的价值准则以及不同组分的权重信息。如果价值函数在属性层面以及组分层面都可以加和的，最好的组合方案就可以通过组分集以及构建在组分集上的价值函数而获取。当然，也有复杂情形的价值函数，比如，非线性多属性效用函数，用于计算组分的价值贡献，组分特征被映射到合适的准则上进行度量，然而组合层面也需要专家参与进行决策评价。

特别值得说明的是，在组合层面上经常会出现一系列互动的目标（或者约束），这些互动或者约束经常与组合的价值紧密相关，这些目标有时候是可以最终聚合的，有些是彼此独立的，这都影响着决策者最终对组合价值的优劣评判，影响着组合选择的结果。

在分析了组合选择的核心要素的基础之上，我们清晰地知道组合选择过程应该关注哪些内容，这些内容是如何影响组合选择的总体质量，以及它们彼此之间如何互相影响。核心要素是组合选择的问题要件，也是我们理解组合选择问题，定义新的组合选择问题的关键所在。基于此，我们给出组合选择的基本操作流程，这个流程也是本书开展武器装备系统组合选择研究的重要理论依据。如图 2. 1 所示，从一般性的角度来说，组合选择包括四个基本步骤：问题构造、偏好信息提取、基于偏好信息建立价值函数以及目标组合识别与优化选取。虽然这四个步骤在流程次序上来说，是先后依次进行，但是在任何步骤，组合选择决策都可以再次回溯到之前的阶段。①问题构造。在该步骤，决策者对涉及的多个决策目标进行识别梳理，定下组合决策的问题结构和价值导向。针对不同的应用背景，问题的关注点和侧重会有不同，这个环节直接影响到后续步骤模型的复杂度以及组合选择的难度。②偏好信息提取。决策者的偏好信息为构建候选方案解空间提供了重要的支撑，同时，约束依赖关系也有助于对解空间进行降维或缩减，从而将组合选择的对象划定在更加精确的范围内，降低问题求解的复杂度和难度。总而言之，偏好信息决定了哪些方案值得考量，继而被纳入候选方案。③基于偏好信息的组合价值建模。通过约束依赖的处理，候选方案集合最终生成可行组合方案集合，显然，可行组合方案集合是候选方案集的子集。通过设定组分层次以及组合层面的价值评价函数，我们可以将决策目标传递的价值导向落实到具体的数学模型中去，为组合选择过程做好知识与模型准备。④目标组合识别与优化选取。该步骤基于一定的优化方法与选择策略，通过定义目标组合，将组合选择问题转化为多目标优化问题，相关优化技术与方法可以在该环节应用，继而缩短计算时间，提升组合选择效率，提高组合决策质量。

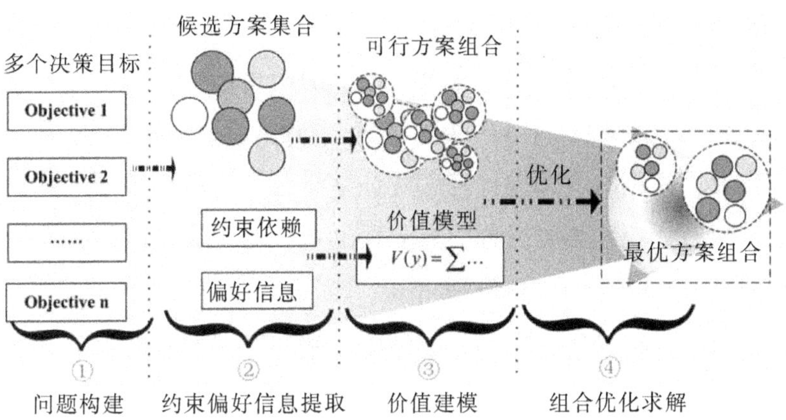

图 2.1　组合选择基本流程示意

基于如上四步流程，我们可以认知组合选择并把握其操作要点，用于解决一般性的组合选择问题。尽管如此，我们仍旧需要关注以下几点：

(1) 决策意图与参与互动。许多研究者更希望采用一些在实际应用中可以满足交互功能的决策分析技术，价值模型可能只是临时的，一致性分析与敏感性分析可能会随时对模型进行校验，然后继续完善模型。尽管如此，组合选择的基本流程是与这种不同的现实应用兼容的。有些决策者可能会直接采纳流水线式的决策过程，然后在决策结束之后再进行敏感性分析；也有的决策者可能会多次迭代执行某一步骤，第一次执行时，提取出时效短暂的决策偏好信息，采用它降低可行解空间规模。通过继续获取更多的信息，多次重复执行选择，逐步缩窄解空间，最终获取稳定的组合选择结果。

(2) 偏好信息探寻。我们所探寻到的偏好信息精度或许并不相同（用点值描述，或者区间数形式，抑或定性的表达就已足够），综合程度也差别很大（需要价值模型的所有参数都被评估，至少临时接受的，在到达后续阶段之前即可），无论偏好强度如何都可以接受或者只认定基序偏好。这些都会对所构建价值函数产生不同程度的影响，如果偏好信息基于离散的组合空间，而不是基于准则空间，则唯一价值函数能否支撑整个组合选择过程是一个值得思考的新问题。

（3）目标组合定义与终止条件。一般的组合选择目标都是希望决策结果“收敛”至少数几个的目标组合。尽管如此，目标组合的“优越性”也需要用模型的形式进行定义（如基于某些价值函数而选择出的高效益组合）或者超越其他组合的充分理由（如基于决策者对决策全局的考量和把控），基于前者的模型而获得目标组合可谓“实至名归”，而基于后者得到的目标组合往往是暂时性的。同样的，如果有多个表现优秀的组合，或者是价值模型推导出的优秀组合并未得到决策者完全认同，是否这样就意味着模型需要继续调整，或许如果决策者认为自身已经对问题求解充分，可以在这个阶段终止组合选择。

2.1.2 组合选择及军事应用

H. Markowitz 提出了组合选择理论，开启了一个用数学工具研究金融的新时代，之后在研究和开发（研发）项目选择中已被许多研究人员用来研究选择问题、医疗上的资本预算和国防采办以及其他方面的问题。在管理科学与运筹学领域，组合决策理论（Portfolio Decision Theory）作为一种资源优化配置的方法，较为广泛地运用在项目研发（Project R&D）领域。组合决策分析（Portfolio Decision Analysis）是通过对决策过程中相关约束、偏好和不确定性进行数学建模，进而帮助决策者从离散的备选方案中做出选择的理论、方法与实践的总称。

项目组合方法被广泛地应用于产品零售与工业公司，大量的方法被应用于相关学科领域，比如运筹理论、管理科学、系统工程以及经济学。组合决策分析方法（PCA）是另外一种被经常用来解决决策问题的方法，规模庞大而项目影响着资源分配的效率以及决策过程的质量，只有采用系统组合决策分析方法才能较好地解决这个问题。这些方法将候选项组合目方案进行比较分析，比如收益 - 风险分析、成本 - 效能分析、需求 - 满足度分析、成本 - 效率分析以及效能边界分析，用以鉴别项目组合优劣，从而挑选出符合标准的项目组合。目标规划方法，比如 0－1 整数规划方法，混合或者动态规划方案都将运筹理论用于项目组合选择问题获取最终满意方案。由于基于特定的资源约束来确定可行项目或者资本的超子集是一个组合问题，遗传算法、蒙特卡洛模拟方法（MC）以及拉格朗日松弛方法也经常被采用。基于场景的规划方法（SPM），通过研究前景的概率，解决了项目组合选择问题。SPM 较广泛地被应用于支持战略决策制定，SPM 方法通过采用想定的未来场景来描述主要的不确定因素用于制定与这些不确定性相匹配的战略。Thomas J. Chermack 提出了一个场景规划方法用于解决动态的决策制定过程，并且划定了场景运用的边界，用于预测未来可能的决策实效。Christophe 与 James 等学者针对军事与工业设施的项目组合选择问题，引入场景分析与多准则决策理论，用于确定符合决策目标期望的项目组合。

过去 20 年对军事组合的选择研究（见表 2.1），最常用的分析方法包括多目标分析法、多准则分析法、价值分析法、最优化方法、成本效益分析法和专家评审法等。此外，还有不常用的方法，例如蒙特卡罗法、风险分析法、帕累托分析法和资源分配方法。显然，因为强调数学和定量元素，上述的军事组合的选择过程通常很依赖约束条件和价值优化之间的平衡，其中预算和附加价值模型是最常见的。Buede 和 Bresnick 做过一些早期的军事投资组合选择方面的研究。为了使项目的附加价值最大化以满足未来需求，Parnell 等人用帕累托方法和优化模型拓展了多目标分析。蒙特卡罗风险分析及其相关方法首先被视为军事投资组合选择方面的价值衡量方法。Buckshaw 等人提出了一种基于来自不同学科的专家评审的方法论以及武器装备系统的成本效益分析方法。Kangaspunta 和 Juuso 等人通过对抗模拟确定武器装备系统组合的价值，从而预测其相互依赖性。

表 2.1 组合选择理论在军事领域经典的做法及贡献

作者和年份	分析方法	价值模型	组合价值计算	约束	主要贡献
Buede and Bresnick, (1992)	多目标；价值分析；资源配置方法；决策会议	平衡技术用于全面评估价值	项目价值求总	预算	过去的几十年中投资组合分析的早期军事应用
Parnell等人(2001, 2002)	多目标；价值分析；帕累托分析；风险分析	多视角评估	通过优化模型使项目总价值最大	预算	帕累托分析，优化模型并且初次考虑未来的能力需求
Parnell等人(2004)	多目标；价值分析；蒙特卡罗分析法；优化；针对价值的思维模型	通过空间技术价值模型来确定最佳的科学技术工程	工程价值的非线性集合模型变成组合价值	预算	蒙特卡罗风险分析，并且工程技术首次当作价值测量方法
Buckshaw 等人(2005)	多目标价值分析；风险分析；优化；成本效益分析	不同学科专家的意见	定量风险评价模型	预算	初次考虑武器装备系统的成本效益分析
Jussi和Juuso等人(2012)	多准则分析；优化；成本效益分析	具有4个影响因子的附加价值模型	通过优化模型使效益最大，成本最小	预算	对抗模拟首次用来估计武器装备系统之间的相关性
我们的思考	多目标价值分析；系统预备水平评估；系统满意水平评估；优化；区间概率	带有系统预备水平和系统满意水平的系统价值模型	通过优化模型使系统预备水平和系统满意水平最大，成本最低	预算和能力数量	初次考虑武器系统预备水平和满意水平，区间概率用来确定决策者的系统满意水平

然而，迄今为止，还没有文献能提供这种测量武器装备系统组合的固有价值的方法，这种方法是通过系统组合的静态属性的，而不仅仅是主观标准。即使在武器装备系统组合的选择中考虑到能力需求和军事科技，这两个因素也没有给予足够的权重来充分支持整个决策过程。而且，文献上的大量多准则分析方法在某种程度上是不准确的，相对于得到关于精确的价值估计的结论而言，这些方法往往包含更多的定性比较的判断。一个比较经典的组合决策应用与军事领域的示例是由美国 Purdue 大学研究者 Davendralingam 提出的体系（SoS）演化的波模型（Wave Model）及 SoS 的能力组合模型。波模型演变步骤体现在层次和时间尺度上的反映。层次是从广泛首要的目标本质上是（gamma 水平）战略（级别）方面变动到单个系统（子系统）需求层（水平）的战术方面。这种层次结构可以映射为能力组合模型，将 SoS 的需求（总体性能）转变为关键需求。这些需求相应地通过互操作系统的需求和终端运行实现。其工作地址之间存在物理连接、功能和发展体系的层次上相关的复杂性。“自上而下整合，自下而上的实施”的思维模式，是波模型在定量分析的支持框架下实施的一部分。该模型基于组合分析的理念，将体系中的能力规划抽象为“能力组合”的模型，从而辅助美国国防部进行顶层装备的发

展规划。

随着时间推移、战略环境变化和我军使命任务的调整，在武器装备体系建设和发展过程中，无法回避的现实问题是体系的能力需求绝不是一成不变的。为了适应能力需求的这种演化性，装备发展组合优化模型应该具有鲁棒性。鲁棒性包括：（1）所求的最优解对问题参数不确定性比较不敏感。在初始阶段，模型能够对军事需求各种演化可能性综合权衡，使得优化得到的装备发展组合，能够最好地满足一组可能出现的演化军事需求；（2）在军事需求发生演化行为后的每个阶段，武器装备体系在现有装备发展情况和资源约束下，能够以最小的调整和最小的代价，迅速灵活地更新现有武器装备体系，满足新的使命任务。

鲁棒组合模型（Robust Portfolio Modeling，RPM）是一种决策支持方法，经常被用来分析多准则的组合决策问题。近些年来，发表在管理学科顶级刊物 OR、EJOR 上的有关鲁棒组合优化的文献就有十篇以上。而和以往的鲁棒优化技术不同的是，Juuso Liesio 基于有限的决策信息，定义了 RPM 模型，用以研究非劣方案子集，但是并未对已经选中组合继续开展分析。RPM 理论，如图 2.2 所示，基于偏好规划方法，采用多准则评价手段，对信息不完备情形下备选项目方案的鲁棒性与适应性进行考察。该方法是由 Juuso Liesio 于 2007 首次提出。该研究团队于 2008 年在 EJOR 上发表成果，对备选项目组合内部、项目之间的依赖性进行考虑，拓展了 RPM 理论。在 2011 年的 EJOR 上，他们以武器系统组合筛选作为问题背景，期望为军事需求分析与国防战略规划提供决策支持。在 2012 年的 EJOR 上，该研究团队考虑不完备的场景概率与效用信息，研究多场景下的投资项目筛选问题。

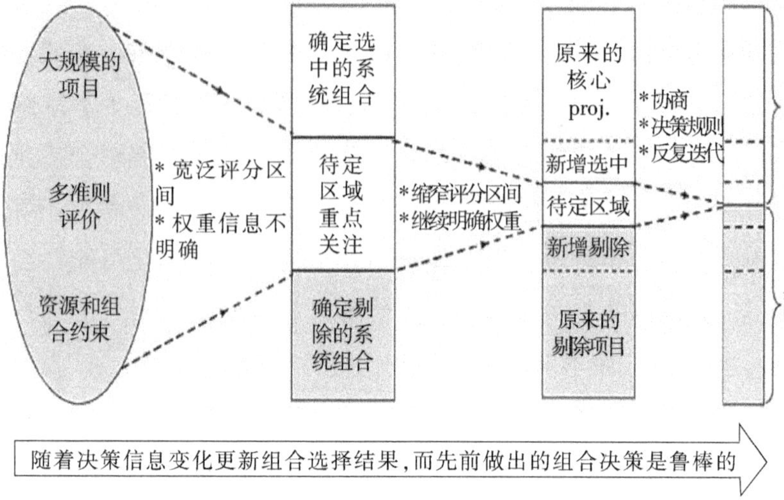

图 2.2　鲁棒组合决策方法示意图

2.1.3 组合选择与 MCDM 技术

正如前文所述，本研究工作的目的是在武器系统组合选择时考虑决策理论技术（MCDM）模型，以之来作为价值评判的基本模型。在采用 MCDM 决策中，综合定量和定性因素的能力是极其重要的。多准则决策方法源自学者 Pareto 提出的帕累托最优理论，并且随即成为最常见的决策方法，且经常融合线性规划模型一起使用，很典型的是，多准则可以采用赋权理论演化为单准则。权重可以采用不同的方法技术获得，比如层次分析方法（AHP）、网络分析法（ANP）、TOPSIS 方法等等。多准则决策方法已经被证实为简便有效的多属性决策方法（MADM）或者多目标决策方法（MODM）。Karsak 与 Sozer 共同关注采用 MCDM 技术进行产品规划，他们不仅利用一个单一的 MCDM 技术作为在案例中的决策工具，同时混合 ANP 方法与目标规划技术取得了良好的应用效果。

Triantaphyllou 认为，根据决策目标内容的相似性，利用任何决策技术来解决多个方案分析问题，都有三个共同的步骤。为了表明在选择 MCDM 方法时，系统地考虑非线性评估的重要性，作者加入第四步；额外的步骤被加到第三步上，这些步骤分别是：①确定相关的准则和备选方案；②应用多种方法来解决准则的相对重要性（权重）和方案对这些准则的影响；③当选择 MCDM 方法时，系统地考虑非线性评估；④处理数值，以确定每个方案的排序。确定准则和方案通常经过专家评价，依据对当前技术和性能的大致了解。权重赋值明显地增加了主观因素，并且对于决策者来说，量化自己对于性能属性的偏好是相当困难的。

Heerkens 提出各种确定标准权重的方法，其中，该研究创新之处在于考虑行为人创新过程的内容，抽取出关键因子，用这些因子来确定最终的决策权重，同时，针对不同的权重因子，还设计相关的权重评估模型。该方法基于 MCDM 技术，将准则与行为人创新过程的活动相对应，使活动过程的具体内容通过准则的形式反映到决策目标上来。

Borcherding 和 Weber 认为没有适用于任何准则的绝对正确的加权方法，从决策角度来看，决策者对准则的偏好信息通常是不明确的。针对 MCDM 方法模型所涉及的准则权重问题，权重确定的主观、客观以及混合模式都十分常见。无论是基于统计信息还是基于代数模型，无论是整体对待还是分解处理，决策行为都是影响着多准则决策过程的重要因素。针对该决策行为的分析可以进一步提取出更加真实的决策偏好，从而使决策结果从更大程度上符合决策者的意愿。Ustinovichius 与 Zavadskas 从定量的角度对这些决策行为进行分析，从而拓展 MCDM 技术到 MCDM－1 改进模型，该模型也被称为定量化的多准则决策模型，应用于投资管理过程，取得了较好的应用效果。

关于与 MCDM 技术的结合使用，常见代数的方式是在［0，1］之间计算 n 个权重，通常会用到一系列的方程，通过对方程的求解得到权重解空间；统计方法是基于一系列大量的判定，由一些统计过程确定权重，比如多元回归分析或最大似然估计等方法决定。整体性方法要求决策者对方法进行整体性评估，比如为方案打分或者排序；Afshari 采用分解方法在同一时间关注一种或者一组属性，从直接和间接两个角度对方法进行阐述，直接性方法会让决策者比较两种属性的排序也就是比率判断，间接性方法从偏好判断中获取权重。研究者使用两两比较矩阵来计算指标的权重，该方法较好地弥补了指标数据难以获取的问题，更易于专家偏好信息的表述。文献展示了很多赋权方法的变形，结合不同的实际应用，将赋权方法拓展成多种形式，灵活多样，适用于不同的问题类型。除此之外，还有很多对 MCDM 方法进行分类的方法，其中一种方法是根据使用的数据进行分类。也就是说 MCDM 方法可以是确定性的、随机的或者模糊的。

2.1.4 基于能力的规划和能力组合管理

从论证规划的角度综述 CBP/CPM 的相关研究，以美国国防部发布能力组合管理（CPM）指令性文件为标志性事件，将其划分为基于能力的规划（CBP）和能力组合管理（CPM）两阶段依次进行综述。

2.1.4.1 基于能力的规划

综述基于能力的规划研究现状，首先需要辨明能力、基于能力的规划相关定义。根据 DoDAF 中对能力的描述，给出能力的定义。

定义 2.1：能力

在给定的标准和条件下，通过一系列手段或方式的集合，具有完成一组任务，达到预期效果的本领。

完成任务的集合既包含装备（Material）层面的集合，也包括非装备层面集合，如条令、编制、训练、领导艺术、人员、设施（Doctrine、Organization、Training、Leadership、Personnel and Facility），全部集合统称为 DOTMLPF。美军强调通过集成 DOTMLPF 中的各项资源，采用最有利的方式组合满足能力需求。美国国防部在 2001 年的四年防务报告中宣布运用基于能力的战略思想规划国防力量，但并没有明确定义基于能力的规划。2004 年，由美国、英国、澳大利亚、加拿大、新西兰五国参与的技术合作项目（The Technique Cooperation Program，TTCP）对基于能力的规划（CBP）开展了专题研究，并对 CBP 进行了明确的定义。

定义 2.2：基于能力的规划

基于能力的规划是一类顶层框架或规划过程，用于在不确定条件和经济约束下，提出一组适用的能力需求以应对当前的诸多挑战，并通过装备或非装备层面规划方案满足多种能力需求。在该定义中，CBP 实质包含了提出能力需求和规划能力发展方案两个阶段，TTCP 给出的能力规划一般过程进一步阐述了该定义。CBP 思想涵盖了从需求生成、装备评估、方案开发、选择和优化等装备论证规划的全部阶段。在 TTCP 开展关于 CBP 研究的同时，各国相关机构和学者同样针对 CPB 的概念内涵、流程步骤、制度规范和框架模型等方面进行了研究。

兰德公司率先出版了 Davis 高级研究员关于 CBP 的研究报告。在该报告中，Davis 提出了一套面向 CBP 的分析结构框架，该框架强调任务 - 系统分析、探索性分析和投资组合方法对于集成和权衡能力的作用，并提出了用于 CBP 的过程模型。该模型包含以下八个步骤：威胁识别、潜在能力需求空间开发、确定目标和度量方式、作战概念开发、装备方案空间开发、抽象和具体的方案评价、装备选择、装备规划。

美国军事运筹学会出版了关于 CBP 的研讨会报告《基于能力的规划：前方之路》。在该报告中，与会者一致认为 CBP 是一种自顶向下的方法论，用于权衡选择装备方案以应对一系列的挑战，并需要精确考虑资源约束。这样才能使国防部领导更好地理解联合作战能力的差距或冗余等，提供权衡多种能力的基础。同时 CBP 应在三个层次上辅助决策：一是顶层帮助管理风险和允许高级官员平衡各种能力域的投资；二是中间层帮助决策最好的方式以执行联合任务；三是系统层帮助官员决定买什么，停止买什么，什么关键参数是采购的系统所需要的。

美国空军颁布政策性指令文件 AFPD 10 - 6《基于能力的规划与需求开发》，随后又颁布了 AFI 10 - 601《能力需求开发》、AFI 10 - 604《基于能力的规划》和 AFI 99－103《基于能力的试验与评价》等规范流程文件，逐步将“基于能力的理念”贯彻到空军装备需求开发与论证规划的每个阶段，形成制度化和规范化的武器装备能力开发流程。

美国海军根据国防部关于 CBP 的倡议，委托美国国家科学研究院评估其执行 CBP 的能力和效率，并要求 NAS 提出改进组织结构和工作流程的建议。NAS 从国防部大环境与海军内部小环境两个维度提出了六个方面的改进措施，如不断重申 CBP 的原则确保其同化美军当前能力开发过程、定义开发新一代的能力分析工具和武器装备的体系级模型等。

美国陆军指挥与参谋学院的 Ronald 教授在 CBP 顶层设计框架下，研究了如何从现有地面作战力量迁移到多种作战能力目标，指出美陆军现有装备规划并不能保证开发出完全有效的能力，提出了面向能力需求的鲁棒能力规划过程。随后，美国陆军战争学院的 Walker 教授分析了执行 CBP 过程存在的挑战，并提出一套将能力规划和可用资源联系起来的一体化框架。

美联合参谋部 J8 局委托美国国防分析所（Institute for Defense Analyses，IDS）研究如何改进美国国防部执行 CBP 的管理过程和提升效率。IDS 首先定义了执行 CBP 的关键原则，然后针对任务－系统分析提出了决策支持框架，最后介绍了顶层框架用于集成所有能力开发步骤。

美国国土安全研究中心的 Johnson 教授基于 CBP 思想，研究美国各州如何适应和运用联邦关于国土安全的能力开发模型，并以克罗拉州的安全能力发展为例，从人员训练、设施建筑和资金教育等方面给出了建议，最后辅助制定了克罗拉州的国土安全策略与目标能力列表。

英国、加拿大和澳大利亚等国学者针对各自国防战略和装备发展的特点，引入、改进和运用 CBP 思想，取得了相关研究成果。

Elena 等探讨了 CBP 与系统工程方法论的结合与共同发展，以及 CBP 中潜在的限制和风险，并提出了能力工程的概念框架。Yi 辨析了英军军事能力开发中能力、基于网络的能力和全寿命能力管理等概念的区别，阐述了需要学习机制和知识管理提高 CBP 的适应性和灵活性。Chim 介绍了如何基于 CBP 思想提高澳大利亚政府部门在国防安全战略规划上的协同和整合，并提出了国防安全能力管理的概念、原理和执行步骤。

Desgagne 研究了渐进式采办策略与 CBP 的内在联系，指出两者共享内在响应和循环机制，并通过加拿大多种航空航天武器系统的规划证明了渐进式采办有利于 CBP 过程的有效执行。Hales 扩展 CBP 思想用于加拿大公共安全建设，明确如何基于 CBP 思想完成公共发展规划的任务分析、风险评估等系统工程活动。

Asiedu 研究了 CBP 一般过程中，如何基于不确定的作战场景生成能力需求，并采用正交排列法根据尽量少的未来作战场景，获得最可能的极端能力需求。

Todor 考虑战略目标、作战能力、作战方式和规划风险四项因素，提出任务到场景、场景到能力需求的生成流程；并针对基于 CBP 的单阶段和多阶段规划，分别构建了装备资源分配的离散静态规划模型和动态优化模型。Kossakowski 研究了如何基于 CBP 思想更好地描述决策者意图，以及如何构建能力需求描述结构，增强决策者偏好信息的质量和可用性。

我国相关机构和研究人员从能力角度出发，在武器装备需求论证、分析评估、仿真优化等方面取得了较多成果，但真正基于 CBP 的思想和方法论，定量研究武器装备规划方法的文献并不多见。较为相关的研究成果主要有：舒宇针对武器装备结构建模缺少对能力需求的响应描述，提出一种基于能力需求的体系结构建模方法，规范和指导体系架构建模活动的整个过程。程责研究了基于能力的武器装备体系评估方法，通过采用证据推理决策技术评估能力需求满足度和能力差距优先级。李巧丽等讨论了基于 CBP 思想的装备需求论证中存在的关键问题，并提出了基于微观分析与宏观综合的需求论证框架。为了保证各类型装备具备天生联合的能力，同时有效解决装备采办中存在的“拖、降、涨”问题，杜小平提出基于能力和仿真的武器装备采办概念模型。熊健等把武器装备能力规划建模为项目调度问题，并同时考虑进度、成本和风险多个目标，采用多目标演化算法进行求解获得规划方案。

2.1.4.2 能力组合管理

随着基于能力的思想在美军三大采办系统中形成制度化、规范化流程后，CBP的问题和不足也逐渐暴露出来，那就是缺乏定量的方法来支撑多种武器装备全寿命能力开发周期中共同的决策和规划活动。因此，美国国防部希望以指令性文件能力组合管理（DoD Directive 7045.20）为契机，提倡和促进面向能力组合的运筹管理和决策优化研究，美军在该指令性文件中对能力组合（Capability Portfolio）和能力组合管理均进行了明确的定义。

定义2.3：能力组合

一组能力集合由联合能力需求域所定义，同时与联合能力集成开发包DOTMLPT紧密相关。由该定义并结合我国实际，可以理解为能力组合面向军事需求和使命任务层面对应的是能力需求，面向装备发展层面则对应的是正在发展的众多武器装备集合。

定义2.4：能力组合管理

能力组合管理则被定义为：持续集成、同步、协调现有和所规划的联合集成能力开发包DOTMLPF与能力需求之间的一致性，在能力组合框架内更好地指导决策和优化国防资源。与CBP的定义相比，能力组合管理（CPM）要求更加明确具体，即指导决策和优化资源；同时更加强调通过能力组合管理持续满足多种能力需求。从武器装备顶层设计的角度，能力组合管理本质为装备组合规划形成能力组合发展，如图2.3所示。

在美国国防部颁发CPM指令性文件之前，相关研究机构和学者已经开始从能力组合和决策分析的视角，扩展CBP思想在实际问题中的应用。美国海军研究生院的Rios等提出基于知识价值递增和Real option的定量化评价框架，用于情报信息系统项目投资组合决策分析。兰德公司的

Snyde，根据美空军作战能力描述规范，设计了作战能力组合分析工具，该工具可以定量化评价能力需求和配置作战资源。MITRE 公司的 Dahmann 提出采用系统工程和体系视角支撑国防系统采办过程中的鲁棒性，并讨论了体系能力和系统能力的区别。北约海军成本分析中心的 Flynn 研究了独立成本归集和能力组合分析之间的关系，指出能力组合分析有利于优化国防项目的采办成本结构。

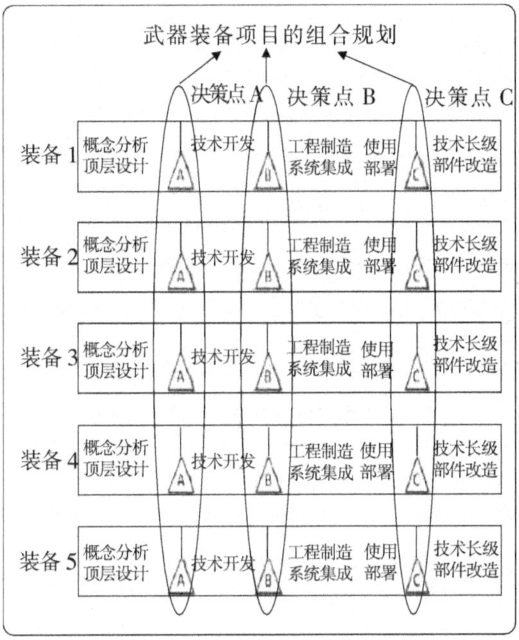

图 2.3　能力组合管理的概念

在 CPM 指令性文件颁布后不久，兰德公司的高级研究员 Davis 等提出了完整的组合分析方法，用于生成、评估和筛选可选能力发展项，并设计了能力组合生成工具（Building Blocks to Composite Options Tool，BCOT）和组合分析工具（Portfolio – Analysis tool，PAT）用于支撑该过程。该方法论和工具的概念示意，如图 2.4 所示。但是，Davis 在其发表的报告中仅仅介绍了该方法的框架流程和执行结果，并没有公开其中的定量模型和核心算法。

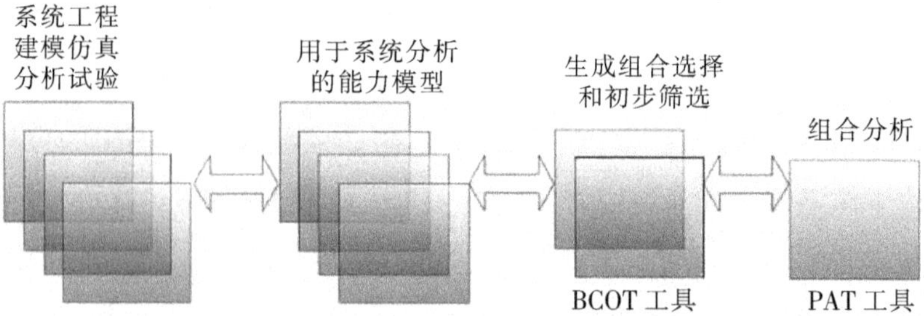

图 2.4 Davis 提出的组合分析方法论和支撑工具

兰德公司其他研究人员同样针对不同实际问题，从能力组合分析与优化的角度，发表相关研究成果。Landree 运用德尔菲法和数据驱动方法构建国防信息分发项目组合的期望能力与成本比值，并通过线性规划方法选择支持决策者选择优先发展项目。Snyder 研究美空军能力和风险规划时，将能力定量化描述为一组资源集合，并建立能力与费用之间的数学关系，然后根据规划情景所需要的资源分别建立成本最小、能力最大模型，以及同时考虑成本和能力的鲁棒模型。Chow 在成本和预算不确定条件下，面向陆军科学技术项目和工程制造项目规划，提出期望能力估计模型和组分决策方法流程，用于选择最优项目组合。Hiromoto 针对美陆军小型武器系统种类繁多重叠的情况，提出基础能力组合管理的概念，用于确保能力的同时节约预算。

美国陆军训练与指挥原则分析中心的 Tollefson 等研究了陆军后勤储备能力的优先级和资源分配问题，在辨别不同方法和潜在方案后，证明了基于价值为中心的思考方法最适用于解决资源 - 能力分配问题，并设计了基于价值的评价支持工具（Value - Based Evaluation Support Tool, VBEST），便于应用该方法。

美国海军研究生院的 Robey 针对国防能力组合采办中的缺乏可重用的项目协同，通过设计一系列数据和文本挖掘算法能够提取结构或半结构化数据中的冗余信息，辨明组合中现有能力和规划能力之间的重复；同时基于知识管理的方法论增加能力组合中各项目的“自我感知”，实现支持国防部能力组合管理和开发式系统体系结构建设。

美国空－海作战系统中心的 Volkert 等面向海岸作战船任务包的规划，开发和验证了一类完整的组合管理方法论。该方法论采用技术成熟度和系统成熟度作为装备能力发展的指标，讨论了如何在技术、成本和调度设计空间之间权衡的能力需求组合管理过程。

美国海军研究生院的 Mun 等在陆军地面作战系统的采办管理规划中，综合集成知识价值递增、集成风险管理和投资组优化等多种技术，首先估计在 Aegis 武器系统中插入能力组合产生的价值流；然后在给定预算约束和工业可用调度下，确定组合中各项能力的优先插入顺序；最后构建了组合优化和风险集成管理模型。

美国空军理工学院的 Cote 研究了具有大规模方案空间的能力组合多目标决策问题，提出了一种层次结构组合选择方法论。该方法论提出基于能力的方案筛选过程用于辨明和删除劣质方案，以及基于性能的组合筛选过程用于估计组合质量，并且通过某侦察装备组合规划的示例证明了该方法论的有效性。

海军研究生院的 Giachetti 研究联合武器系统项目规划中各项目之间的关联关系，提出了一种基于 Real Options 的系统采办模型和项目能力组合优化方法，支持不确定条件下决策需投资哪些项目、什么时间投资和是否继续投资，有利于保持决策的灵活性和降低项目组合结构的成本和风险。

佐治亚理工学院的 Iacobucci 提出了一种基于能力组合的武器装备体系组合分析和生成框架。该框架以能力需求为输入，通过生成层次性的能力目标和开发可选系统，用于构建装备能力组合计算模型，在决策者参与下分析体系潜在结构，最后编译输出最优装备组合规划方案。该框架的基本流程，如图 2.5 所示，Iacobucci 提出了流算法和迭代架构评价算法相结合求解能力计算模型，并设计了一种本体领域语言关联体系结构和系统组合规划方案。

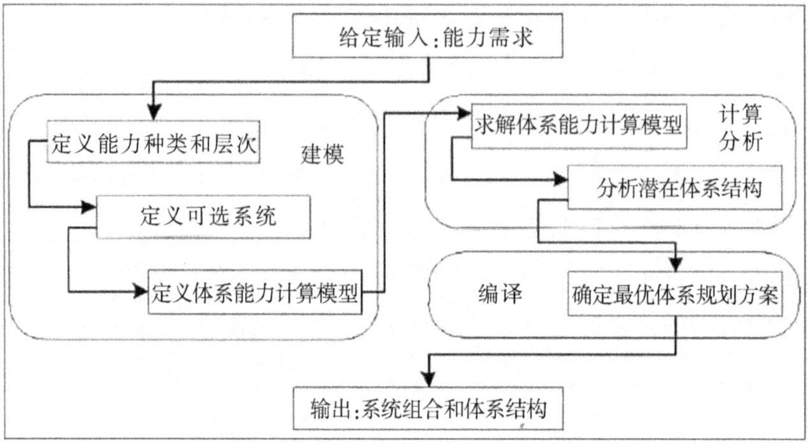

图 2.5 Iacobucci 提出基于能力的装备体系分析和生成框架

普渡大学体系实验室的 Davendralingam 等研究濒海战斗舰任务包的项目组合采办计划时，采用集成能力组合概念和 Markowitz 投资组合优化理论，以可选系统能力满足能力需求的程度为收益，以系统之间的相关性为风险，同时考虑项目组合方案总成本，构建非线性组合优化模型，并分析了可选项目组合的能力目标和风险目标的非劣解前沿。文献最后提出了下一步的研究目标为能力组合的多阶段规划和随机优化，进一步支持以能力为中心的国防项目采办决策。

麻省理工学院的 Schaffner 针对未来预算和能力需求的不确定性，结合多属性权衡空间探索和 Epoch - Era 分析方法，在权衡空间内探索各种可能组合方案的综合能力、成本和时间因素，并聚焦于提高整个采办项目组合的可购性。该研究成果已经应用于美国沿海防卫警戒能力规划。

美国国家航空航天局（NASA）研究中心的 Neitzke 等针对空间系统项目组合的评估和规划提出了组合管理方法，该学者考虑项目存在的多项能力，基于能力的思想考虑可选项目组合发展方案的收益、成本和风险，并构建能力的收益 - 成本 - 风险模型和权重效用函数，以此计算能力的综合效益值，如图 2.6 所示。

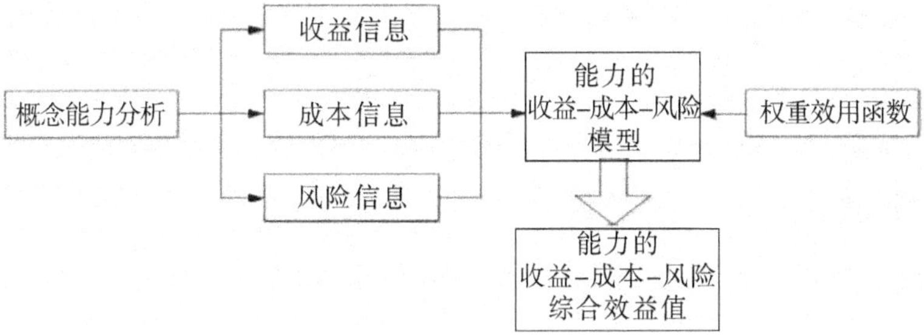

图 2.6 Neitzke 提出能力的收益 - 成本 - 风险综合效益值生成过程

美国 Sandia 国家实验室开发了能力组合分析工具 CPAT，其目标函数采用多属性决策技术获取，所使用优化模型采用开放编程语言执行。英国 BAE 公司针对基于能力的装备组合全寿命管理需要结构化的信息、一致化的分析和可视化操作，开发了全寿命能力鲁棒采办决策支持环境 TRAIDE，确保国防项目规划人员有效地辨明和管理相互关联的采办项目过程。国内基于能力的武器装备组合规划研究还较少，仅有卜广志等总结兰德公司 Davis 等发表的能力组合分析管理方法相关报告，编译了《武器装备体系能力的组合分析方法与工具》一书。

2.2 科技战略规划的组合分析总体框架

从整体上来看，国防科技发展战略规划是对未来国防科技发展战略长远建设与发展的方向、重点和建设目标进行整体谋划的宏观决策分析过程。因此，能否依据顶层设计的本质特征，把握国防科技发展战略规划的宏观决策思维方法，对于分析、建立国防科技发展战略规划的方法论和总体技术框架是至关重要的。

2.2.1 科技战略规划总体框架

依据科技发展战略规划的本质特征，提出了科技发展战略规划方法论，该方法论将科技发展战略规划分为战略需求分析、作战需求分析、可行性分析和综合权衡分析四个阶段，并给出了每一个阶段的主要任务、参考模型以及分析方法应具备的主要特征：决策分析人员的跨领域协作、逻辑过程的一体化、技术方法的一体化、支持环境的一体化。

在科技战略规划中，决策分析人员主要包括战略理论研究人员、作战理论研究人员和装备技术研究人员三大类。并且，在科技战略规划过程中，为了充分发挥决策分析人员的创造性和专业技术特长，不同专业领域的决策分析人员在科技战略规划的不同阶段、同一阶段的不同环节，所处的地位和所发挥的作用各不相同。

逻辑过程的一体化是提高顶层设计研究过程的整体性与连续性的基本保证。为此，本书以科技发展战略为研究对象，从科技发展战略建设与发展的角度综合考虑了装备发展战略论证、装备体制论证和装备建设规划计划论证的相关研究内容，并将科技战略规划的逻辑过程划分为以下四个既相互独立又相互联系的研究阶段：战略需求分析、作战需求分析、可行性分析、综合权衡分析。这四个阶段在研究时序上构成了科技战略规划的“全生命周期”。

技术方法的一体化是在逻辑过程一体化的基础上，针对顶层设计不同阶段的需求和特点，围绕科技发展战略综合价值的分析与评价而进行的多方法综合集成。在科技战略规划过程中，技术方法的一体化是提高顶层设计研究结论客观性与可追溯性的基本保证。

支持环境的一体化是在顶层设计逻辑过程和技术方法的指导下，在统一技术框架的约束下，将支持顶层设计“全生命周期”的软件系统有机地结合起来，以满足科技战略规划对技术手段的需要。在科技战略规划过程中，支持环境的一体化是提高顶层设计研究成果可重用性的基本保证。

来自不同专业领域的决策分析人员在一体化的支持环境中协同工作，并且通过战略需求分析、作战需求分析、可行性分析和综合权衡分析四个主要阶段的分析研究，最终将确定未来武器装备长远发展的方向和重点、科技发展战略的中期建设目标以及相应的装备体系建设计划，如图2.7所示。

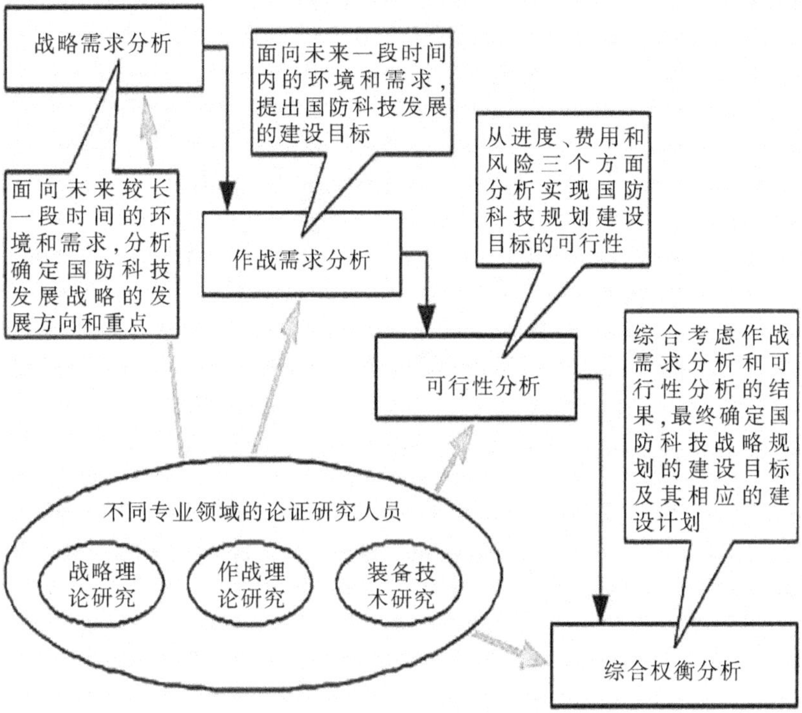

图 2.7　科技发展战略和技术体系一体化设计

2.2.2 科技战略规划的战略需求分析

2.2.2.1 战略需求分析的基本内涵

在科技战略规划中，战略需求分析的主要任务是面对未来较长一段时间战略环境和军事威胁的高度不确定性，通过采用以价值为中心的决策思维方法，分析、确定未来长远的军事战略目标、使命任务以及对武器装备的能力需求，并最终确定武器装备发展的方向和重点，其中包括需要重点发展的科技以及支持武器装备发展的关键技术领域。战略需求分析的参考模型，如图 2.8 所示。

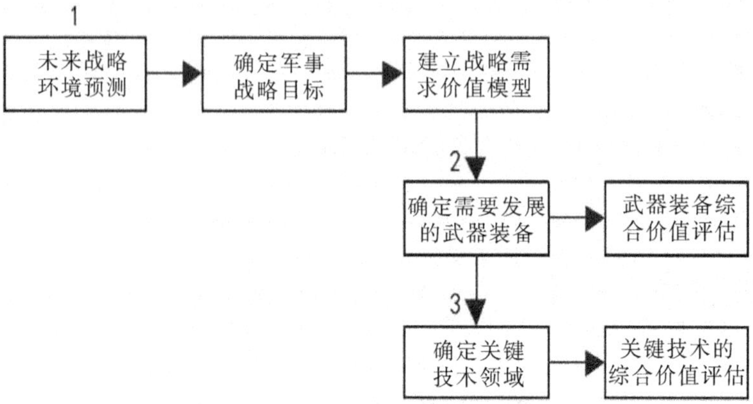

图 2.8　战略需求分析过程

该模型主要包括以下三个逻辑步骤：

（1）采用以价值为中心的决策思维方法，在对未来战略环境分析预测的基础上，确定未来长远的军事战略目标，建立战略需求价值模型（Value Model），如图 2.9 所示。

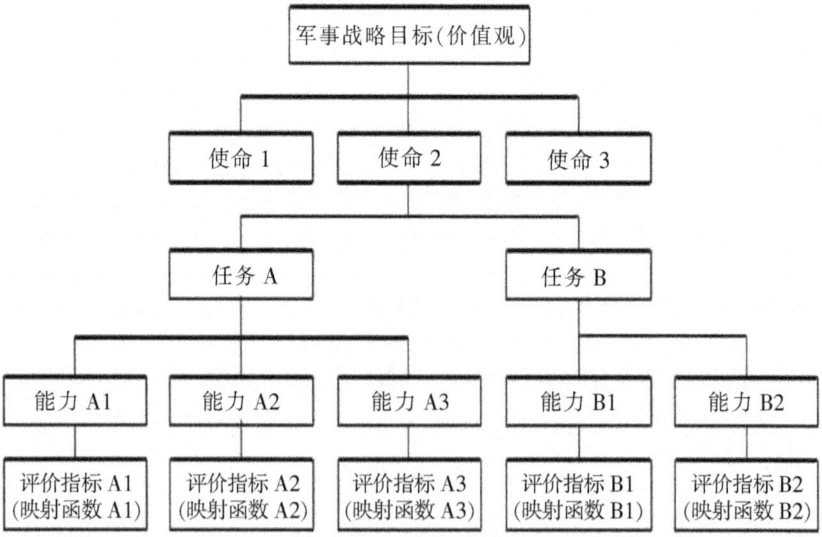

图 2.9　战略需求价值模型的示意图

该价值模型反映了未来较长一段时间内实现军事战略目标需要担负的主要使命任务。

$$ValueModel = \{Goal, MissionSet\}$$

其中，$Goal$ 表示未来长远的军事战略目标；

$MissionSet$ 表示未来需要担负的使命集，并且

$$MissionSet = \{Mission_i\}$$

$Mission_i$ 表示未来需要担负的第 i 项使命（$i=1, 2, \cdots, M$）；

$$Mission_i = \{Task_{ij}\}$$

$Task_{ij}$ 表示 $Mission_i$ 包含的第 j 项任务（$j=1, 2, \cdots, N$）；

$$\mathrm{Task}_{ij} = \{Measure_{ijk}\}$$

$Measure_{ijk}$ 表示 $Task_{ij}$ 的第 k 项评价指标（$k=1, 2, \cdots, K$），代表了武器装备为完成 $Task_{ij}$ 而应具有的能力。

（2）确定未来需要重点发展的武器装备集 $SysSet$。

$$SysSet = \{Sys_l\}$$

其中，Sys_l 表示需要发展的第 l 项武器装备（$l=1, 2, \cdots, L$），并且 Sys_l 可以表示为：

$$Sys_l = \{CapabilitySet_l, Value_l\}$$

其中，$CapabilitySet_l$ 表示 Sys_l 的能力集，并且

$$CapabilitySet_l = \{Capability_{ijkl}\}$$

其中，$Capability_{ijkl}$ 表示 Sys_l 对应于 $Measure_{ijk}$ 的具体能力；

$Value_l$ 则表示 Sys_l 具有的综合价值，并且

$$Value_l = Func_l\ (ValueFunck\ (Capability_{ijkl}))$$

其中，$ValueFunck$ 表示将 $Capability_{ijkl}$ 映射为价值的函数；

$Func_l$ 表示计算 Sys_l 综合价值的函数。

在武器装备集中，各项武器装备的优先发展顺序由武器装备的综合价值来决定，综合价值较高的武器装备将获得较高的优先级。

（3）确定未来需要重点发展的关键技术领域集 $TechSet$，以便在科技

规划计划中开展各项关键技术的预先研究。

$$TechSet = \{Tech_t\}$$

其中，$Tech_t$表示需要重点发展的第 t 项关键技术领域（$t=1, 2, \cdots, T$），并且 $Tech_t$可以表示为：

$$Tech_t = \{ContributionSet_t, Value_t\}$$

其中，$ContributionSet_t$表示 $Tech_t$的贡献程度集，并且

$$ContributionSet_t = \{Contribution_{lt}\}$$

其中，$Contributionlt$ 表示 $Tech_t$对 sys_l发展的贡献程度。

$Value_t$表示 $Tech_t$具有的综合价值，并且

$$Value_t = Func_2 \ (Contributionlt)$$

其中，$Func_2$表示计算 $Tech_t$综合价值的函数。

在关键技术领域集中，各项关键技术领域的优先发展顺序由关键技术领域的综合价值来决定，综合价值较高的关键技术领域将获得较高的优先级。

战略需求分析阶段确定的战略目标、使命任务、能力需求以及武器装备和装备技术发展的方向和重点，不但对于科技战略规划的其他研究阶段具有很强的指导作用，而且对于科技发展战略的长远建设与发展同样具有很好的指导意义。

2.2.2.2 战略需求分析方法的基本特征

在科技战略规划过程中，支持战略需求分析的技术方法具有很强的特殊性。这是由于战略需求分析的研究内容具有很强的前瞻性，并且其研究背景也具有高度的不确定性，因此传统的费用分析方法和效能分析方法，应用于战略需求分析领域存在很大的困难，主要表现在以下三个方面：（1）未来较长一段时间的战略环境和军事威胁存在高度的不确定性；（2）未来较长一段时间的军事理论和作战思想存在高度的不确定性；（3）未来较长一段时间武器装备的战术技术指标和作战使用原则存在高

度的不确定性，并且缺少费用分析所需要的工程技术信息。

因此在战略需求分析中需要充分利用不同领域专家群体的主观定性分析结论，并且需要通过激励领域专家群体的创造性思维来分析、辨识未来较长一段时间应重点发展武器装备和关键技术领域。为此，需要采用适合于高度主观决策的分析方法来支撑战略需求分析，并且该方法应具备以下的基本特征：（1）能够反映领域专家群体未来较长一段时间的价值取向，并且能够将领域专家群体的价值取向转化为应担负的各项使命任务；（2）能够充分发挥领域专家群体的想象力和创造力，并且能够尽可能地扩大决策空间，以便提高领域专家群体选择最优结果的可能性；（3）能够有效地将领域专家群体的主观判断转化为量化指标，并且能够依据量化指标对需要重点发展的武器装备和关键技术领域进行分析与评估。

2.2.3 科技战略规划的作战需求分析

2.2.3.1 需求分析基本内涵

科技战略规划的战略需求分析，为科技和武器装备的长远发展提供了方向。这一长远的发展战略，需要通过具体的阶段性建设目标逐步实现。因此，从作战需求分析阶段开始，就紧紧围绕着未来一段时间的主要军事威胁、作战对象、作战样式和作战环境，从作战需求、建设进度、经费安排、技术风险等方面具体设计、规划未来一段时间科技发展战略的建设目标，并保证武器装备能够持续稳定地发展。

要实现科技发展战略的建设目标，需要首先回答以下四个方面的主要问题："是什么（What）""为什么（Why）""何时要（When）"和"怎么办（How）"的问题。这四个问题是系统分析的"3W1H"（即What，Why，When，How）在科技发展战略建设中的具体应用。

（1）是什么（What）

即需要首先回答预期实现的科技发展战略建设目标是什么。为此，需要从“质”和“量”两个方面界定预期实现的科技发展战略建设目标：科技发展战略的“质”，即科技发展战略中所包含的技术领域、装备技术及其相互关系。科技发展战略的“量”，即科技发展战略中各技术领域、装备技术支持的数量规模、成熟度及其比例关系。

（2）为什么（Why）

回答为什么需要实现这样的科技发展战略建设目标。为此，需要依据未来一段时间内的战略环境与军事威胁，着重分析科技发展战略建设目标能否满足未来作战的需要。

（3）何时要（When）

回答实现科技发展战略建设目标的时间要求是什么。为此，需要对科技发展战略建设目标的建设进度提出明确的要求，包括实现科技发展战略建设目标的预期时间、持续保持科技发展战略作战能力的时间等。

（4）怎么办（How）

回答如何才能实现科技发展战略建设目标。为此，需要对实现科技发展战略建设目标的可行性进行分析，包括进度安排、费用投入以及可能存在的风险，并最终说明实现科技发展战略建设目标的管理和技术途径。

在以上四个主要问题中，作战需求分析阶段的主要任务是重点回答前三个问题，即“是什么（What）”“为什么（Why）”和“何时要（When）”的问题，而“怎么办（How）”的问题则由科技战略规划的下一阶段，即可行性分析阶段来解决。通过以上分析可以看出，作战需求分析的主要任务是以科技发展的方向和重点为依据，面向未来一段时间内的主要军事威胁、作战对象、作战样式和作战环境，以提高科技发展战略作战效能为主要目标，分析、提出并初步确定科技发展战略的建设目标。作战需求分析的参考模型，如图2.10所示。

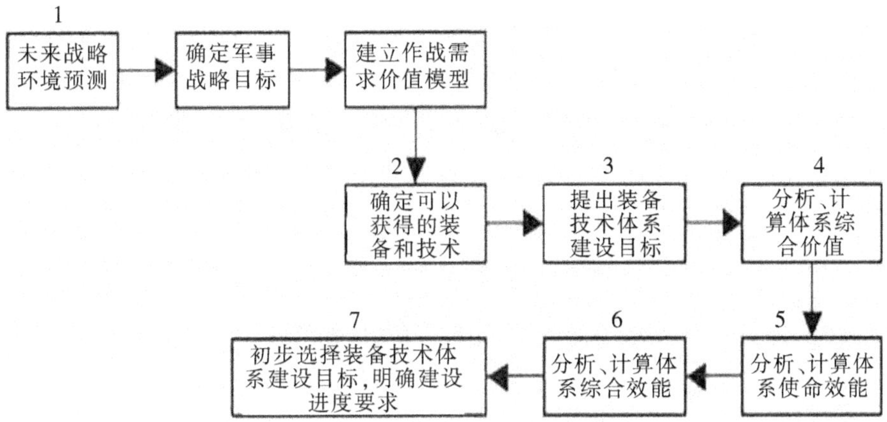

图 2.10　作战需求分析的参考模型

该模型主要包括以下七个逻辑步骤：

（1）针对未来一段时间战略环境的不确定性以及军事威胁的多元化特征，采用以价值为中心的决策思维方法，建立作战需求价值模型（Value Model）。该价值模型反映了未来一段时间的军事战略目标和应担负的主要使命任务。与战略需求价值模型的不同之处在于，作战需求价值模型的评价指标直接面向武器装备的战术技术指标。

（2）分析、确定未来一段时间可能获得的武器装备集 *SysSet*。

$$SysSet = \{Sysl\}$$

其中，Sys_l表示 *SysSet* 中的第 l 型装备（$l=1, 2, \cdots, L$），并且

$$Sys_l = \{MeasureSet, Valuel\}$$

其中，*MeasureSet* 表示 Sys_l的战术技术指标集，并且

$$MeasureSet = \{Measureq\}$$

其中，$Measure_q$表示 *Sysl* 的第 q 项战术技术指标（$q=1, 2, \cdots, Q$）；

Valuel 表示 Sys_l针对作战需求价值模型的综合价值。

（3）以武器装备集 *SysSet* 为基础，综合考虑 Sys_l的战术技术特征和综

合价值，分析、提出科技发展战略的建设目标集 $AlternativeSet$。

$$AlternativeSet = \{Alternative_i\}$$

其中，$Alternative_i$表示第 i 个装备体系建设目标（$i = 1, 2, \cdots, M$），并且

$$Alternative_i = \{SysQuan_{il}\}$$

其中，$SysQuan_{il}$表示第 i 个装备体系建设目标中第 l 型装备的规模。

（4）分析、计算装备体系建设目标的体系综合价值，并形成装备体系建设目标的体系综合价值集 $IntegratedValueSet$。

$$IntegratedValueSet = \{IntegratedValue_i\}$$

其中，$IntegratedValue_i$表示第 i 个装备体系建设目标的体系综合价值，并且

$$IntegratedValue_i = \mathrm{Func}\ (Valuel, SysQuan_{il})$$

其中，$Valuel$ 表示第 l 型装备的综合价值；$SysQuan_{il}$表示第 i 个装备体系建设目标中第 l 型装备的规模；$Func$ 表示计算体系综合价值的函数。

（5）以作战需求价值模型明确的使命任务为依据，分析、评价装备体系建设目标的体系使命效能，并形成体系使命效能集 $MissionEffectivenessSet$。

$$MissionEffectivenessSet = \{MissionEffectiveness_{ij}\}$$

其中，$MissionEffectiveness_{ij}$表示第 i 个装备和技术体系建设目标针对作战需求价值模型的第 j 项使命的效能（$j = 1, 2, \cdots, N$）。

（6）分析、评价装备体系建设目标的体系综合效能，并形成装备体系建设目标的体系综合效能集 $IntegratedEffectivenessSet$。

$$IntegratedEffectivenessSet = \{IntegratedEffectiveness_i\}$$

其中，$IntegratedEffectiveness_i$表示第 i 个装备和技术体系建设目标针对未来一段时间军事战略目标的体系综合效能，并且

$$IntegratedEffectiveness_i = IntegratedFunc\ (MissionEffectiveness_{ij})$$

其中，$IntegratedFunc$ 表示计算体系综合效能的函数。

（7）通过综合对比各个装备体系建设目标的体系综合价值和体系综合效能，能够初步选择若干装备和技术体系建设目标。为了进一步对这些装备和技术体系建设目标进行分析与评价，还需要明确装备和技术体系的建设进度要求，主要包括以下三个方面：

· 预期完备时间 T_1——装备和技术体系进入完备状态的预期时间

· 最迟完备时间 T_2——装备和技术体系进入完备状态的最迟时间

· 最早不完备时间 T_3——装备和技术体系由完备状态转为不完备状态的最早时间

其中，装备和技术体系处于“不完备”状态是指装备和技术体系内只有部分装备和技术已投入使用；而装备和技术体系处于“完备”状态则是指装备和技术体系内所有装备和技术都已投入使用。

在确定装备和技术体系建设进度的基础上，这些装备和技术体系建设目标将进入随后展开的可行性分析和综合权衡分析中。

2.2.3.2 作战需求分析方法的基本特征

在作战需求分析阶段需要重点回答的三个问题中，最难以回答的问题就是“为什么”要实现这样的装备和技术体系建设目标，而这个问题恰恰又是决策者最为关心的问题。

回答这一问题的主要难点在于以下两个方面：

其一，在未来一段时间内，构成科技发展战略的许多武器装备和技术尚处于规划计划阶段，尽管已基本明确了武器装备和技术的主要战术技术指标，但还无法通过靶场试验、实兵演习等手段来分析武器装备和技术的作战效能；

其二，在计算机技术、网络信息技术等高新技术的推动下，未来主要作战对象的军事战略、作战理论、武器装备也处于不断的发展变化之中，并使得未来战争的形态也在逐步发生改变。

2.2.4 科技战略规划的可行性分析

2.2.4.1 可行性分析的基本内涵

可行性分析的主要任务是回答“怎么办”的问题，即在作战需求分析的基础上，针对作战需求分析提出的每一个装备和技术体系建设目标，从建设进度安排、费用投入以及可能存在的风险三个方面分析实现装备和技术体系建设目标的可行性。目前，武器装备的全寿命管理是在武器装备的质量、费用、进度三者之间进行平衡和优化，并且以全寿命费用作为全寿命管理的核心，作为决定采办工作总体效益的关键因素。因此，武器装备和技术全寿命管理以全寿命费用优化为主要目标，并且通常将费用作为硬约束来考虑。而在科技战略规划过程中，如何在建设进度上合理安排武器装备和技术建设的规划计划，是保证武器装备和技术协调发展、实现装备和技术体系建设目标的基本前提。因此，在进度、费用和风险三者之间，能否在建设进度上满足科技发展战略建设的需要是可行性分析需要优先考虑的问题。在建设进度安排的基础上，还需要进一步分析实现装备和技术体系建设目标的经济和技术可行性。因此，本书将科技战略规划中的可行性分析划分为进度分析、费用分析和风险分析三部分，并将进度分析作为费用分析和风险分析的基础。

（1）进度分析

在科技战略规划中，进度分析的主要目标是为了分析实现装备和技术体系建设目标，如何合理地安排武器装备和装备技术建设的规划和计划，其中包括科技发展战略内部所有武器装备和技术的预研计划、研制计划、采购计划和维修计划。通过进度分析，可以确定能否在科技发展战略建设进度安排上满足装备和技术体系的建设目标，即科技发展战略建设的进度可行性。在此基础上，进度分析还能够为支持科技发展战略建设的规划计划拟制和调整提供科学的依据。

（2）费用分析

费用分析是在进度分析的基础上，检验进度分析产生的装备和技术建设计划的经济可行性。在科技战略规划过程中，经费投入主要包括科研费。科研费是用于武器装备技术研究，新型装备和技术研制以及现役装备和技术改进、延寿所需费用的总称。在科技战略规划中，科研费主要包括用于关键技术研究的科研费和武器装备技术的研制费两项。

（3）风险分析

风险分析是在进度分析和费用分析的基础上，分析实现装备技术体系建设目标可能存在的风险。在武器装备和技术研制研发过程中，风险通常划分为以下三类：技术风险，即在规定的时间内和一定经费的保障条件下，科研项目达不到战术技术指标要求的可能性；费用风险，即科研项目的经费投入突破预算的可能性；进度风险，即科研项目不能按计划完成的可能性。

而在科技战略规划过程中，为了便于分析预测，本书将科技战略规划中的风险定义为“达成装备技术体系建设目标可能存在的风险”，其实质是无法实现装备技术体系建设目标的可能性。在武器装备的全生命周期内，预研阶段和研制阶段的技术风险是直接影响装备技术体系建设目标的关键因素。因此需要重点考虑以下两种风险因素：关键技术的突破成功概率、武器装备的研制成功概率。

从理论上讲，无论是关键技术还是武器装备，其成功概率都将受到费用投入和研究研制时间周期的双重影响。而当时间周期确定以后，成功概率将直接受到费用投入的影响，并且在通常情况下，费用投入越高，突破研制成功的概率就越高。

可行性分析的参考模型，如图 2.11 所示。

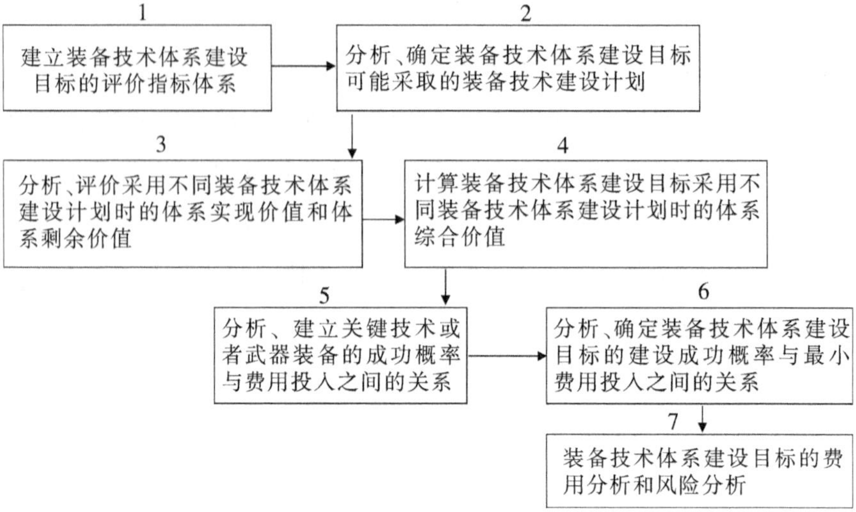

图 2.11　可行性分析的参考模型

该模型主要包括以下七个逻辑步骤：

（1）采用以价值为中心的决策思维方法，首先建立装备技术体系建设目标的评价指标体系。该评价体系用于评价某一装备技术体系建设目标采用不同装备技术体系建设计划时的体系综合价值，包括装备技术体系建设目标的体系实现价值和装备技术体系建设目标的体系剩余价值。

装备技术体系建设目标的体系实现价值反映了所有武器装备和技术在实现体系完备状态方面所做贡献的综合价值。第 i 个装备技术体系建设目标的体系实现价值可以表示为：

$$Value_{il} = Func_l\ (Value_l \times \lambda,\ SysQuan_{il})$$

其中，$Value_l$表示第 l 型装备技术的综合价值；λ 表示价值实现系数；$SysQuan_{il}$表示第 i 个装备体系建设目标中第 l 型装备的规模；$Func_l$表示计算体系实现价值的函数。

价值实现系数λ 用于衡量装备技术运用时间能否满足装备技术体系建设目标的要求。对于当前时间 T_0、预期完备时间 T_1、最迟完备时间 T_2 和最早不完备时间 T_3来说，在［T_0，T_1］区间内服役的武器装备和技术，由于能够完全满足 T_1的要求，可以认为这些武器装备和技术能够充分实现自身的价值，此时$\lambda=1$；对于在［T_2，∞］区间内服役的武器装备和应用的技术，由于其服役时间超出了T_2，因此可以认为这些武器装备和技术完全不能满足装备技术建设目标的要求，此时$\lambda=0$；而对于在（T_1，T_2）区间内服役的武器装备和技术，其自身价值只能得到部分体现，此时$\lambda\in(0,1)$。

装备技术体系建设目标的体系剩余价值反映了所有武器装备和技术在维持体系完备状态方面所做贡献的综合价值。第i个装备技术体系建设目标的体系剩余价值可以表示为：

$$Value_{i2}=Func_2(Value_l\times\mu,\ SysQuan_{il})$$

其中，μ表示价值维持系数；$Func_2$表示计算体系剩余价值的函数。

价值维持系数μ用于衡量武器装备和技术的应用周期能否满足装备技术体系建设目标的要求。在装备技术体系建设目标中，（T_3-T_1）代表了装备技术体系的预期最小完备周期。在［T_3，∞］区间内淘汰的武器装备技术，由于能够完全满足装备技术体系建设目标中最早不完备时间的要求，可以认为这些武器装备技术能够充分维持自身的价值，此时$\mu=1$；对于在［T_0，T_1］区间内淘汰的武器装备技术，由于其淘汰时间还未达到装备技术体系建设目标所要求的预期完备时间，因此可以认为这些武器装备技术完全不能满足装备技术建设目标的要求，此时$\mu=0$；而对于在（T_1，T_3）区间内淘汰的武器装备技术，只能部分维持自身的价值，此时$\mu\in(0,1)$。

在可行性分析阶段，装备技术体系建设目标的体系综合价值是对体系实现价值和体系剩余价值的综合反映。在装备技术体系实现完备状态的时间和完备状态的持续时间这两方面，不同决策者的重视程度可能存在不同。例如，在某种情况下，决策者可能要求装备体系必须在某一时间达到完备状态，以应付预期将要发生的战事；而在另外的情况下，决策者可能要求装备体系在较长的时间内维持较高的战斗力。因此，在考察装备技术体系建设目标的体系综合价值时，需要综合考虑两方面的因素，以便能够反映不同决策者的价值取向。

第 i 个装备技术体系建设目标的体系综合价值 $Value_i$ 可以表示为：

$$Value_i = Func\ (Value_{i1},\ Value_{i2})$$

其中，$Func$ 表示计算体系综合价值的函数。

（2）分析、提出装备技术体系建设目标可能采取的不同装备技术体系建设计划。

第 i 个装备体系建设目标的装备技术体系建设计划集 $SoSProgramSet_i$ 可以表示为：

$$SoSProgramSet_i = \{ProgramSet_{ij}\}$$

其中 $ProgramSet_{ij}$ 表示第 i 个装备技术体系建设目标的第 j 套装备技术体系建设计划，并且 $ProgramSet_{ij}$ 可以表示为：

$$ProgramSet_{ij} = ProgramSetA_{ij} \cup ProgramSetB_{ij} \cup ProgramSetC_{ij} \cup ProgramSetD_{ij}$$

其中，$ProgramSetA_{ij}$ 表示第 j 套装备技术体系建设计划的预研计划，$ProgramSetB_{ij}$ 表示第 j 套装备技术体系建设计划的研制计划，$ProgramSetC_{ij}$ 表示第 j 套装备技术体系建设计划的采购计划，$ProgramSetD_{ij}$ 表示第 j 套装备技术体系建设计划的维修计划。

对于以上四类计划中的每一种，其中又包含针对不同武器装备或者关键技术的建设计划。以装备技术体系的研制计划为例，$ProgramSetC_{ij}$ 可以表示为：

$$ProgramSetC_{ij} = \{SysProgramSetC_{ijl}\}$$

其中，$SysProgramSetC_{ijl}$ 表示第 i 个装备技术体系建设目标的第 j 套装备技术体系建设计划中第 l 型装备技术的采购计划，其主要内容包括采购计划的开始时间以及第 l 型武器装备技术的支持项目数量。

（3）分析、评价装备技术体系建设目标采用不同装备技术体系建设计划时的体系实现价值和体系剩余价值。

（4）计算装备技术体系建设目标采用不同装备技术体系建设计划时的体系综合价值，依据体系综合价值来评价不同的装备技术体系建设计划，并最终确定装备技术体系建设目标所对应的装备技术体系建设计划。

（5）分析、建立每一项关键技术或者武器装备的突破研制成功概率与费用投入之间的关系。

第 l 项关键技术或者武器装备的成功概率 P_l 与费用投入 C_l 之间的关系可以表示为：

$$P_l = Func_l(C_l)$$

其中，$Func_l$ 表示针对第 l 项关键技术或者武器装备，依据费用投入计算成功概率的函数。

（6）针对装备技术体系建设计划，基于每一项关键技术或武器装备的成功概率与费用投入之间的关系，分析、确定装备体系建设目标的建设成功概率与最小费用投入之间的关系。

第 i 个装备技术体系建设目标的建设成功概率 $SoSP_i$ 与最小费用投入 $SoSC_i$ 之间的关系可以表示为：

$$SoSPi = SoSFunc_i\ (SoSC_i,\ Func_l)$$

其中，$SoSFunci$ 表示针对第 i 个装备技术体系建设目标，依据最小费用投入计算成功概率的函数。

（7）在确定装备技术体系建设目标的建设成功概率与最小费用投入关系的基础上，依据装备技术体系建设的风险承受能力来确定费用投入或者依据可能的费用投入来确定需要承担的风险。

2.2.4.2 可行性分析方法的基本特征

在可行性分析阶段，由于科技战略规划面向未来科技发展战略的建设与发展，并且装备技术体系建设目标中所包含的各类武器装备技术通常尚处于规划计划阶段，缺少详细的工程技术信息，因此科技战略规划中的可行性分析无法严格按照型号论证中的可行性分析方法来进行。为此，在可行性分析方法的选择上，需要充分考虑装备技术体系建设与发展的基本特点。

通过可行性分析的逻辑步骤可以看出，为了实现进度分析、费用分析和风险分析的主要目标，可行性分析方法应具备以下的基本特征：

（1）能够与我军实行的十年规划、五年计划相结合的计划体制结合起来，并且能够反映规划计划的滚动发展特征；

（2）能够适应未来装备技术体系建设计划的高度不确定性，并能够分析、提出每一个装备技术体系建设目标可能采取的不同装备体系建设计划；

（3）能够通过体系综合价值的评估，最终确定装备技术体系建设目标所对应的装备技术体系建设计划；

（4）能够针对装备技术体系建设计划，分析、确定装备技术体系建设目标的建设成功概率与最小费用投入之间的关系，为费用分析和风险分析提供支持。

2.2.5 科技战略规划的综合权衡分析

2.2.5.1 综合权衡分析的基本内涵

综合权衡分析的主要任务是综合考虑作战需求分析和可行性分析的结果，从作战效能、经济可行性和技术可行性等方面对所有的装备技术体系建设目标进行综合权衡分析，从中选择相对较好的建设目标作为装备技术体系建设目标，并在此基础上进一步确定装备技术体系建设的具体实施方案和步骤，为科技建设规划计划的拟制和调整提供依据。

综合权衡分析的参考模型，如图 2.12 所示。

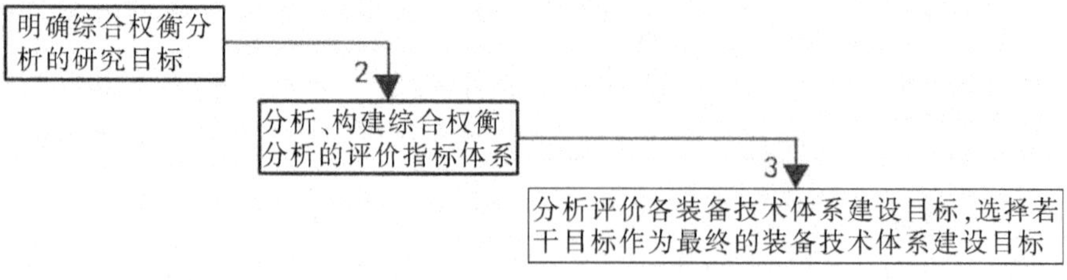

图 2.12　综合权衡分析的参考模型

该模型主要包括以下三个逻辑步骤：

（1）明确综合权衡分析的研究目标 *TradeoffObj*。

$$TradeoffObj = \{Goal, AlternativeSet\}$$

其中，*Goal* 表示综合权衡分析的评价目标；*AlternativeSet* 表示综合权衡分析的评价对象集，其中的每一个对象代表了一个备选的装备技术体系建设目标。

（2）从科技发展战略的综合价值、作战效能、经济可行性和技术可行性等方面，分析、构建综合权衡分析的评价指标体系 *MeasureSet*。

$$MeasureSet = SetA \cup SetB \cup SetC \cup SetD \cup \cdots$$

其中，*SetA* 表示从科技发展战略综合价值的角度构建的评价指标体系，*SetB* 表示从科技发展战略作战效能的角度构建的评价指标体系，*SetC* 表示从科技发展战略经济可行性的角度构建的评价指标体系，*SetD* 表示从科技发展战略技术可行性的角度构建的评价指标体系。

（3）分析、评价装备技术体系建设目标集 *ALternativeSet*。

$$AlternativeSet = \{Alternative_i\}$$

其中，$Alternative_i$ 表示目标集中的第 i 个目标（$i=1, 2, \cdots, M$），并且

$$Alternative_i = \{MeasureSet_i, Rank_i\}$$

其中，$MeasureSet_i$ 表示第 i 个目标的评价指标值的集合，并且

$$MeasureSet_i = \{Measure_{ij}\}$$

$Measure_{ij}$ 表示第 i 个目标对应于评价指标体系中的第 j 项评价指标值，$Rank_i$ 表示第 i 个目标在目标集中的优先级排序。

在分析、评价的基础上，依据目标集中各个目标的优先级排序，就可以从中选择若干目标作为最终确定的装备体系建设目标，并为科技建设规划计划的拟制和调整提供依据。

2.2.5.2 综合权衡分析方法的基本特征

综合权衡分析是科技战略规划的最后一个阶段。在综合权衡分析阶

段，所有的装备技术体系建设目标都已经历过了作战需求分析阶段的作战效能评估以及可行性分析阶段的进度分析和费用－风险分析。并且在作战需求分析阶段和可行性分析阶段，论证研究人员已初步排除了那些明显不能满足需要的装备技术体系建设目标。因此，已进入综合权衡分析阶段的每一个装备技术体系建设目标，原则上都可以作为最终选择的装备技术体系建设目标。

我们可以将目前的每一个装备技术体系建设目标作为一个备选方案，而所有的装备技术体系建设目标就构成了一个决策分析的备选方案集。由于不同的备选方案在作战效能、费用投入等方面各有所长，很难直观判断哪一个备选方案更具有优势，因此对备选方案的综合权衡分析并不是一个绝对选优的过程，而是一个相对选优的过程，即从备选方案集中选择一个相对来说比较好的备选方案作为最终的决策方案。

由此可见，为了适应综合权衡分析阶段备选方案的主要特点，在该阶段的分析评估方法应具有更好的客观性和可追溯性。

（1）客观性

综合权衡分析阶段的每一个备选方案，原则上都可以作为最终选择的方案。因此，在综合权衡分析过程中如果存在任何主观偏好，都有可能遗漏更为理想的方案。

（2）可追溯性

由于综合权衡分析阶段的每一个备选方案都是经过初步筛选的备选方案，因此不能轻易否定任何一个备选方案。如果认为某一个备选方案不是可选的方案，就必须能够说明其存在的主要问题，即不是可选的原因应是可追溯的。

2.3 科技战略规划的组合分析方法论

当进行科技战略规划的组合分析时，决策分析框架如图 2.13 所示。

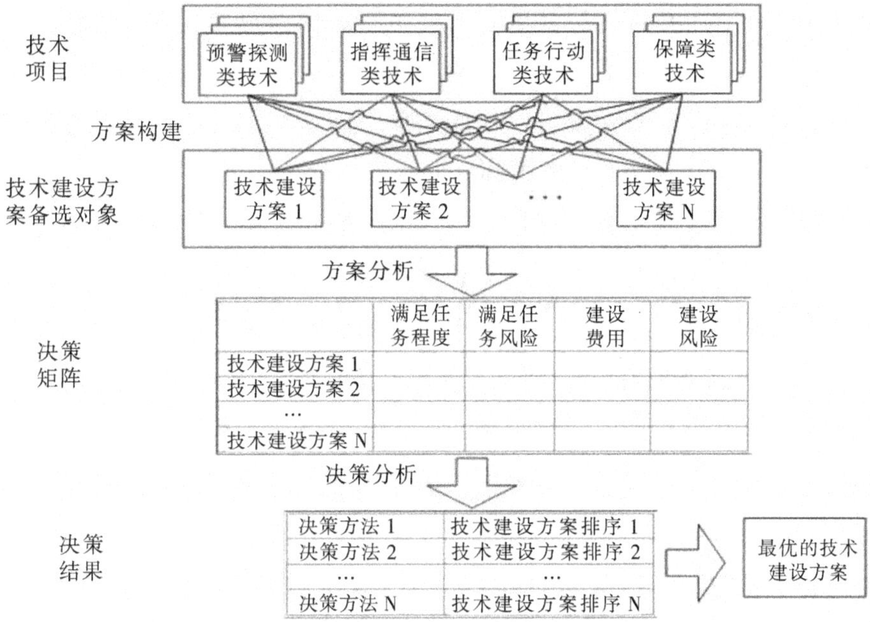

图 2.13　使用组合分析进行科技战略规划决策的过程框架

对每种科技战略规划方案，分别分析其作战能力、费用、风险等指标，构建决策矩阵。作战能力用满足任务程度和满足任务风险两个指标表示。其中，满足任务程度指建设方案的科技战略规划能够满足多样化作战任务的平均程度；满足任务风险指无法满足多样化作战任务的可能性。费用以科技战略规划方案中各个装备技术的建设费用来表示，主要包括研制费用和采购费用。风险用科技战略规划建设方案中各技术的建设风险表示，包括技术风险、计划风险、保障性风险等。

根据决策矩阵中各个科技战略规划建设方案的指标结果，按照不同的分析目的，选择不同的决策方法，可以得到各方案的优先排序，从中选择最优的方案作为科技战略规划建设的顶层设计结果。

能力建设发展目标的确立向上需满足战略任务需求，向下受技术、资源的约束。不确定的安全环境、不明确的未来、制度方面的复杂性、需要考虑的多种目标以及日益提高的成本等，对建设目标项目论证提出了挑战。组合分析优选以技术领域提出的建设项目为基础，构建全维组合分析空间，考虑所有的目标、降低所有的风险，应对未来不确定性。组合选项覆盖了所有可能，广泛的选项空间增加了优选的可能性，使决策结果在作战、经济和战略上都尽可能具有意义。

组合分析优化提升了建设效益，但也面临着很大的困难。一方面各技术领域为弥补能力差距从自身角度提出了多个建设发展项目，这些项目组合形成的选项空间出现爆炸现象。例如针对某一能力，技术领域提出 N 个单独目标项目，那么就有 2^N 种组合选项，选项空间数量的指数级增长，使量化分析变得异常艰难，而且大部分项目都不能在一起很好地运行，甚至一部分还相互冲突，在实际环境中不仅不能提高作战效能，反而影响原有能力的发挥，使组合变得毫无意义。因此，在组合空间生成过程中，需要运用科学的方法减少组合选项，以便进一步分析决策。另一方面，能力域内建设项目既要应对不确定挑战，又要突出重点任务的需求。这两方面的困难需要采取定性与定量相结合的方法，通过基础数据和专家经验对组合空间中的选项实施综合分析，并运用运筹学的思想优选组合选项，实现多目标协调平衡。

提升组合选项决策质量和效率，主要从两个方面进行优化：一是量化评估前缩减空间选项生成数量，主要是依据专家经验进行定性分析，如项目分组、项目一致性分析等；二是通过量化的基本数据，排除低于预期效果的选项，利用效费原则实施优选，并通过专家经验略微调整优选结果。具体分析优选过程，如图 2.14 所示，优选方法并非严格的线性顺序，当项目组合空间过大或者不足时，一方面可反馈调整各方法的闭值参数，另一方面可根据需要对一些方法进行细化或删减。

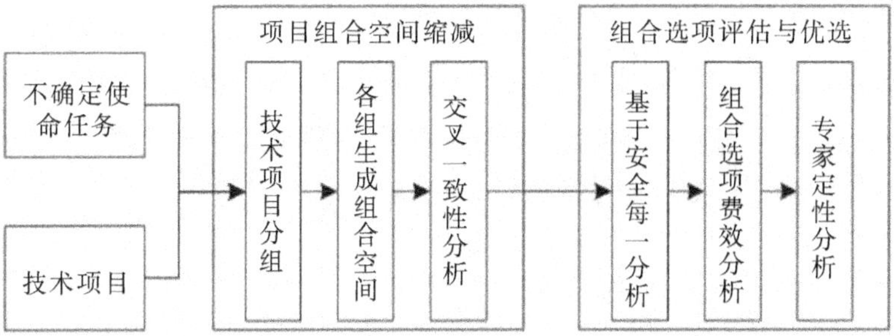

图 2.14　科技战略规划组合分析优选过程

一旦量化价值模型经过检验，备选方案也开发完成，接下来就要按照价值度量对这些方案进行评分。以价值为核心的思维就是要找出更好的方案来，因此备选方案评估有两重目的：评分和找出较好的方案，而后者才是最重要的。评分发现价值差距，也就是改进方案（得到更高的评估）以实现更高价值的机会。

有两个问题需要仔细地考虑：①评分由谁来进行；②如何解决评分中的不一致问题。有 3 种评分方法已经证明是成功的：由方案支持者评分；由评分组评分；由方案支持者评分，评分组审核。

（1）由方案的支持者评分。由各方案的支持者根据价值模型进行评分，这一方法的缺点在于，评分者在评分时可能带有偏向，从而影响评分的公正性；另外，评分之间可能存在不一致性。

（2）由评分组评分。为了避免有不公正的评分和评分的不一致性，可以由若干专家组成一个评分小组来进行评分，并对方案提出改进。方案的支持者可以提出评分建议，但结果由评分组确定。

（3）由方案支持者评分，评分组审核。由方案的支持者评分，同时通过专家修改来提高方案的价值。而这正是以价值为核心的思考方式的精髓，评分审核小组可以保证评分的无偏向性和一致性。

评分确定之后，就可以着手对各备选方案进行评估：通常是通过确定性分析和不确定性（或风险）分析两种方法进行。

（1）费效比。绘出各备选方案的费效比，对代价和收益（价值）加以分别考虑是有好处的。这种图表能够帮助我们快速了解好的备选方案，并使决策者了解额外投资所产生的价值增量。

（2）敏感性分析。敏感性分析对权重和评分等关键参数很重要。彩虹图和龙卷风图是两种常用的敏感性分析方法。

2.3.1 组合决策的确定性分析

在分析最优方案组合选择等多决策问题时，还可以借助其他的方法得到更多的认识。

（1）橄榄球方法。帕累托分析是组合决策分析的最有力方法之一。根据各方案的各项费用和价值，就可以绘出累积费用与累积价值相对图，构造出一个费效“橄榄球”。球的顶部就是在各个投入水平上可能得到的最佳组合方案，而底部则是最差的组合。

（2）价值差距。价值差是由橄榄球方法得到的最重要的认识。一般情况下，当前的决策组合会处在橄榄球的中间某处。价值差距是当前组合与沿橄榄球上升到顶部各方案的差距。对任何一种方案组合，都可以通过对给定费用增加价值，或对给定价值减少费用，或二者组合加以改进。

（3）价值位置。还可以观察当前投资线与橄榄球顶部的相交状态。如果投资线在交点处具有很大的斜率，则决策者可以尝试向投入不足的高价值方案追加投入；如果交点处的斜率很小，则决策者可以考虑寻找更好的方案组合，或减少对某些低附加值方案的投入。

2.3.2 利用权重进行想定分析

标准的敏感性分析方法，是通过改变权重或备选方案的评分来显示其对方案价值（效用）的影响。如果价值模型规模较大，则调整权重更为有效，因为这会改变所有备选方案的评分。而对每个备选方案分别修改价值度量评分是极其耗时的，并且有可能对价值（效果）作用很小。

第三章　科技战略规划组合分析方案的生成与筛选方法

科技战略规划顶层设计，根据关键技术领域的不同，可以划分为不同类别，每种类别中含有若干项备选关键技术。由一些基本的组件模块，通过排列组合等方案生成方法，产生成千上万个组合方案选项。通过方案筛选方法对组合选项进行分析，删除那些不满足效能阈值、超过费用阈值，或者费效比明显劣于其他方案的选项。通过评估方法对筛选后的少量选项进行多目标定量决策评估分析，在作战能力、经费投入下，针对大量不同目标、不同偏好进行权衡，尽可能降低各种风险，找到最佳的组合方案。

3.1 组合分析方案生成方法

3.1.1 形态学矩阵方法

将形态矩阵中的子系统和属性进行组合，从而进一步确定一系列技术概念方案。其中，一种传统的配置（代表常规的技术）被选作进行技术可行性研究的基线方案，由表 3.1 中圈出来的特性组成。其他任意特性的组合构成可供选择的概念方案。可供选择的方案的数量不受限制，也不排斥国外的概念。这种方法可避免忽略任何一种组合方案。

表 3.1　概念形态学矩阵

方案 / 特征	1	2	3	4
平台	A	B	C	D
燃料	桶状容器	椭圆形容器	无	
可见性	合成	常规		
范围（nmi）	3000	3500	4000	
乘员	100	150	200	
匹配度	0.8	0.83	0.85	0.9
类型	涡轮发动机	AST 发动机	IHPTET	
喷气室	常规	RQL	LPP	
静态稳定性	稳定	不稳定	松弛	
灰尘控制	常规	无载		
低速	A	B	C	
高速	常规	LFC	NLFC	HLFC
机翼	铝	钛	合金	
外壳	铝	钛	合金	

该矩阵可帮助决策者/设计者辨认满足客户需求的可能存在的新的子系统组合方案。该过程主要用到头脑风暴法、文献审查法和形态学分析方法。

3.1.2 探索性分析方法

探索性分析方法是 20 世纪 90 年代兰德公司提出的面向宏观决策的系统分析方法，该方法将多种知识和方法结合起来，支持快速建模和敏捷分析，实现了武器装备体系能力评估研究中的广度分析。本书研究的评估探索性分析方法框架如图 3.1 所示，虚线为反馈过程。问题分析是解决问题的基础，获取问题相关知识信息是探索性分析的起点，其目的是进行探索性分析建模。分析模型构建需要采用自顶向下的方式建立高层抽象的数学模型，对大量的不确定性进行考察，分析不确定性因素的潜在影响，并采用低分辨率的分析模型，结合使用不同分辨率模型或模型集合来研究问题，多分辨率多视角建模是探索性分析的使能技术。在探索性分析过程中，想定空间代表可能的各种情况，这样就要求能生成各种想定，并且数量巨大，覆盖的范围宽广，想定空间设计则是根据模型中的信息类型、功能、数据等，能够列出分析模型中的所有探索因素，能够对因子进行选择并对所选择的因子进行水平值的设计，生成与想定空间对应的实验设计方案。分析模型解算把实验设计方案的设置作为分析模型解算初始输入数据，执行这些分析模型，并控制相应的分析模型仿真执行机制。想定空间分析则是根据分析模型解算的结果，结合探索因子和实验设计方案，对所探索的想定空间区域按研究的目标进行分类和划分，得出评估结论。

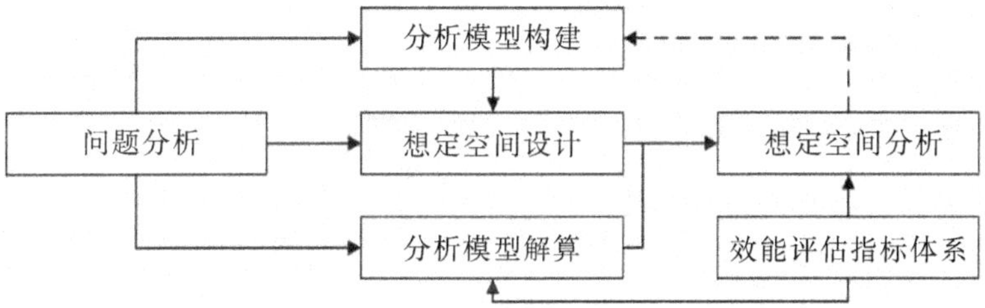

图 3.1　科技战略规划评估的探索性分析方法框架

3.2 组合分析方案筛选方法

3.2.1 基于分组和交叉一致性矩阵的组合空间筛选方法

（1）基于分组的项目组合空间筛选方法

技术领域提出的所有目标项目构成的组合空间数量巨大，不便于对每一选项进行准确高效分析。在项目组合空间形成前采取定性辨识方法对各项目进行分类整理，根据项目功能、性能和使用环境等，将项目分组，缩小目标项目组合空间的大小。如表 3.2 所示，项目组合空间由 4096（2^12）项缩减为 48（3 × 2^4）项，相比之下，分组后生成的组合选项数量大大减少，更有利于进一步量化分析评估。在分组过程中结合“项目 – 任务”支持关系矩阵，可提高分组效率。

表 3.2　组合空间选项数量对比分析

分组情况	项目数量	组合空间选项数量
所有项目	12	4096
组 1	4	16
组 2	4	16
组 3	4	16

（2）基于交叉一致矩阵的组合空间生成筛选方法

交叉一致性分析是利用专家经验和智慧对目标项目进行两两比较，在定性分析基础上有效标记不适宜组合的目标项目，借助计算机快速排除特定的组合选项。具体过程如下：

①各组目标项目组合空间生成时，采用二进制编码的方式表达。如表 3.3 所示，假设共有四个目标项目，目标项目形成的组合空间有 16 个选项。

②由专家定性分析生成交叉一致矩阵。假设交叉一致矩阵如表 3.4 所示，其中 0 代表两者可组合，1 代表两者不适应组合。

表 3.3　项目组合空间二进制编码表

选项号	选项组成	项目编号			
		4	3	2	1
0	基本	0	0	0	0
1	基本 +1	0	0	0	1

续表

选项号	选项组成	项目编号			
		4	3	2	1
2	基本 +2	0	0	1	0
3	基本 +1 +2	0	0	1	1
4	基本 +3	0	1	0	0
5	基本 +1 +3	0	1	0	1
6	基本 +2 +3	0	1	1	0
7	基本 +1 +2 +3	0	1	1	1
8	基本 +4	1	0	0	0
9	基本 +1 +4	1	0	0	1
10	基本 +2 +4	1	0	1	0
11	基本 +1 +2 +4	1	0	1	1
12	基本 +3 +4	1	1	0	0
13	基本 +1 +3 +4	1	1	0	1
14	基本 +2 +3 +4	1	1	1	0
15	基本 +1 +2 +3 +4	1	1	1	1

表 3.4 项目交叉一致矩阵表

项目	项目 1	项目 2	项目 3	项目 4
项目 1	0	0	1	1
项目 2	0	0	0	0
项目 3	1	0	0	0
项目 4	1	0	0	0

③利用交叉一致性矩阵信息对组合空间中的选项进行快速排除。如根据项目编号，项目 1 和项目 4 不能在同一个组合中，项目 1 和项目 3 不能在同一个组合中，因此，凡是组合选项二进制编码第一位和第四位同时为 1 的选项可直接排除，同理，二进制编码第一位和第三位同时为 1

的选项也可以直接排除，这样排除选项的编号为 5，7，9，11，13，15。特别是当组合选项数量较大时，排除效率优势较明显。

3.2.2 基于安全第一的组合筛选方法

安全第一组合分析的基本思想是指当投资者不愿意通过复杂的效用函数来评估所有组合选项时，可通过排除坏的或者风险较大的组合选项的方法，从而产生较优的组合选项，这种方法在经济投资中被广泛应用，相继出现了罗伊标准、卡陶卡标准和特尔瑟标准等。这三种标准都强调在获取收益之前，实施对风险的控制，以风险适度为第一选择要素。能力建设项目组合选项属于战略决策问题，目的是完成使命任务，项目失败危害很大，因此，在组合选项优选之前，应以风险评估为基础，采用安全第一方法在组合空间中进行初步筛选，具体步骤如下：

（1）对组合选项进行风险分析，特别是对所需资源无法满足的风险进行评估；

（2）设定风险阈值，选项风险超过阈值 delta 的组合选项，即 $R_i \geqslant delta$ 时，应予以排除；

（3）当风险接近限值时，即 $delta > R_i \geqslant delta - e$ 时，对其进行调整，使风险控制在适度范围之内。

因不同建设需求可承受风险程度不同，在初期筛选阶段，应以最大可承受风险为限值，适度增加符合安全标准的备选项，防止在下一步优选中找不到满足条件的组合选项。

第四章　科技战略规划组合分析方案的评估方法研究

4.1 基于费效分析的不确定评估优选方法

科技战略规划发展目标项目论证法属于微观经济方法论，是在“投入”和“产出”范畴内建构决策过程，即在给定“投入”水平上实现“产出”最大化，或者在给定“产出”水平上实现花费最小化。因此，采用效费比原则在组合空间中选择组合选项是择优的关键步骤，同时为应对未来不确定性，可保持适度地扩展。具体选优步骤如下：（1）基于希望效能筛选备选项。根据建设发展预期目标效果，设定选项最小效能值，对低于预期效果的选项予以排除。（2）构建组合选项的效能－费用曲线。如图 4.1 所示，以费用为 x 轴、效能为 y 轴，将已筛选的备选项标记在效能－费用坐标中，并连接 Pareto 最优点，形成有效边界，显然有效边界上的控制点代表的选项构成了投资的最佳选项。（3）提高应对不确定挑战的优选方法。“效能－费用”坐标图仅表达一种视角下的结果，为适应未来多样化任务和不确定风险的挑战，采用两种策略进一步拓展备选空间，以防较优的选项被排除。在有效边界附近，可能存在这样的选项，费用和效能与控制点选项的费用和效能很接近，在当前领域表现不如控制点选项，但当从其他视角或者想定参数变化时，其表现优于当前控制点选项，因此，在设定的任务情境中优选备选项时，通常将控制点附近的选项也添加到备选项中，以应对未来不确定性。控制点附近可表达为自控制点开始沿费用递增、效能递减的方向拓展一定的区域，如费用递增20%效能减少10%等，即控制点右下方区域，如图4.1所示，将 h 和 k 添加到备选空间中。

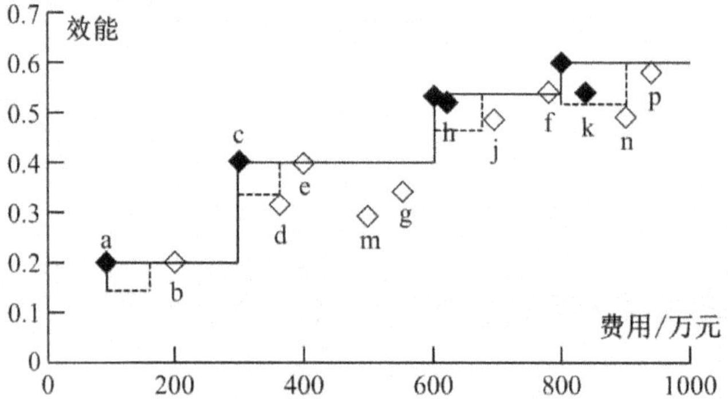

图4.1 基于Pareto曲线优选组合选项

通过控制点附近选项的拓展增加了应对不确定性的能力，但也带来某些选项的异常，如 k 选项，明显劣于 f 选项，而 f 选项被排除，k 选项却成为备选项，这主要是由于前后控制点效能差值少于拓展效能值，如上述效能拓展区间是10%。为消除选项的异常现象，规定相邻控制点效能差值不低于拓展区间值。将控制点附近区域内的选项添加到备选项中，会造成冗余现象。如一个选项包括目标项目2，另一个选项包括目标项目2和4，且两个选项有相同的效能，即项目4在此没有发挥作用，出现冗余现象。消除冗余的方法可借助计算机和集合论来完成，主要分两步：第一步以控制点选项费用为基准点，将控制点及附近区域内的所有选项归入一个集合，生成N个集合；第二步借助计算机集合判别算法，在每一集合中判断每一对选项之间是否存在子集关系，若存在，可直接删除费用较大的集合选项，比较完成之后，即已删除冗余选项。

能力建设一方面需应对未来不确定任务的挑战，另一方面要突出重要的使命任务，通过对不同任务赋予权重并利用加权和的方法筛选组合选项时，能够较好体现两方面的需求。但是当从更高层或者总体角度考虑能力建设发展时，仅从一类任务或者任务组合筛选的选项可能会漏掉其他较优越的组合选项。因此，针对每一类任务，保留一些优秀的组合选项，添加到备选空间，可供高层进一步评估、决策。如下表是以每一个想定或者想定的加权平均为基础，选择出的优秀备选项。基于不同视角，生成的备选项目组合空间中包含备选项编号分别是 1，3，6，14，共四项备选项，进一步扩展了备选空间选项数量。这样带来的问题是生成的备选项较多，在实际应用中需要进一步权衡，如采取缩小控制点附近区域范围等措施，找到平衡点，使备选项数目适中，且遗漏优秀选项的概率较小。如表 4.1 所示。

表 4.1　基于不同任务视角优选组合选项

分析视角	优秀组合备选项编号
想定 1	1，3
想定 2	6，14
想定 3	1，6
想定 1 +2	3，6，14
想定 1 +2 +3	3，6
备注	不同想定组合时，权重按实际标记

4.2 专家经验定性优化方法

依靠计算机固定程序分析优化方法无法覆盖人员掌握的所有信息，且分析人员可能获取选项的致命漏洞，需要采用定性分析方法将选项删除，也可能需要将已删除的选项恢复，因为在非对称作战或者其他作战方式中所删除选项具有其他选项无法企及的优点，获得众多专家强有力支持。通过利用专家经验定性分析机器无法理解的军事信息，进一步删除不符合实际情况的项目组合选项，也是快速优化备选空间的重要手段。

专家定性分析优选的方法较多，其中一种简单确定选项冗余、备份或欠缺的方法是“项目－任务”矩阵法，即在现有能力基础上，通过功能分析揭示各项目在应对不确定任务需求时的冗余与欠缺。如表 4.2 所示，针对某能力提出八个选项，共有五种类型任务构成能力需求的不确定空间，各选项对任务的支持程度用 0 和 1 表示，其中 0 代表不支持，1 代表支持。从矩阵中可以快速确定针对每一类任务，是否有选项对其支持，是否存在项目备份，是否存在项目冗余等。

表 4.2　项目－任务支持关系

基案 +	任务 1	任务 2	任务 3	任务 4	任务 5
选项 1	1	0	0	1	0
选项 2	0	0	1	0	1
选项 3	0	1	0	1	0
选项 4	1	0	0	0	0
选项 5	0	1	1	1	0
选项 6	0	1	0	0	1
选项 7	1	0	1	0	1
选项 8	0	1	0	1	0

4.3 需求－技术共同作用的组合方案评估方法

首先对科技战略规划组合选择问题进行描述，引入价值导向思考（Value Focused Thinking，VFT）理念对科技战略规划组合开展价值建模。考虑到科技战略规划受到技术推动以及军事需求牵引的影响，采用多准则分层价值模型体系对科技组合进行价值度量，价值模型包括技术推动作用五级测度与需求牵引作用三级测度，并给出各层次准则数值的计算方式和数学模型；需要特别说明的是，关于需求牵引三级测度，针对专家评价只能获取到少量的信息的情形，采用区间概率线性规划模型，辅助组合选择过程最终获取需求牵引作用的数值。在此基础上，通过成本消耗约束对候选系统解空间进行缩减，获取可行组合，定义组合优劣结构。并给出按照成本进行降序分类的组合选择算法，借助帕累托最优分析技术，最终获取符合决策多目标需求的最优武器系统组合（T&R 组合）。最后，采用现有文献中的示例对基本模型进行验证，对获取的非劣解组合进行特征分析、影响分析，并对模型总体效果进行总结说明。

从技术推动（Technology Push）与需求牵引（Requirement Pull）两个角度对具备多功能、多技术集成的科技战略规划组合开展选择（见图 4.2）。在过去的几年，能力规划（CBP）概念在国防和军事采购的应用中，得到广泛的关注。在系统设计与规划过程中，一般的军事需求被抽象为对军事能力的需求，可以度量并用于计算。能力被定义为：为了执行一系列的任务，通过利用技术集成得到的具有相应功能的系统的结合，在特定条件下能够达到预期效果的能力。最近，得益于先进的技术及其集成，许多多功能武器系统得到开发和利用，以满足对具有多种能力的产品的需求。不难看到，战略规划估值的基础在于技术发展的成熟度和所需军事能力的实现程度。因此，军事需求目标用能力需求和技术发展成熟度可以清楚地表达，而与技术有关的度量较为常用的术语则是技术成熟度水平和集成成熟度水平。

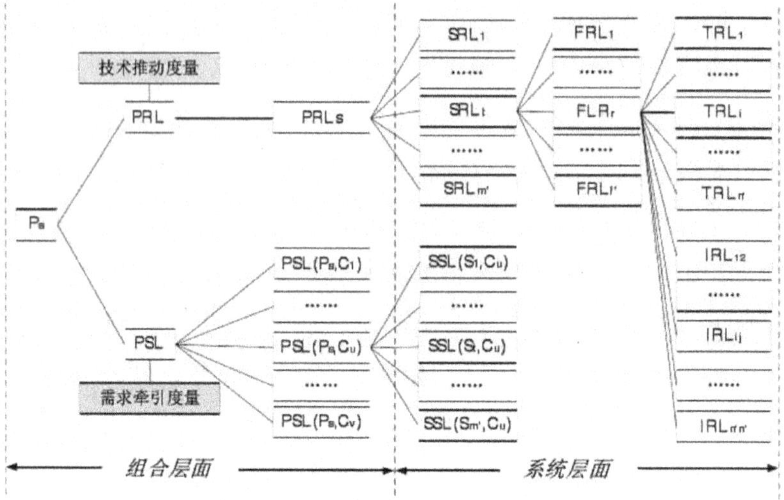

图 4.2 组合方案评估方法

传统的系统设计论证是运用科学的理论、方法和手段，对论证项目中所涉及的对象系统进行一系列的分析和综合，并在提出多种可行的备选方案基础上，进行优化，从而选出最为满意的方案，为有关决策提供科学依据的过程。其中，论证是“方案导向思考（Alternative Focused Thinking，AFT）”的一系列研究活动，也就是说，设计论证活动自始至终是针对如何提出解决某一问题的方案或致力于某一行动的方案及其优化为导向的，对各个备选方案实施后的正反结果以及利弊得失等进行透彻的定性和定量相结合的分析，并将在此基础上所生成的所有可行的备选方案提供给决策者（或决策集体），以供决策者决策。而决策则是对一种策略的决定，是对某个（些）事物的决断，是作出决定的行为。作为一个过程，决策就是对未来的行为确定目标、方向，并选择一个能实现预期目标的最满意的可行方案，实质上是“价值导向思考（VFT）”的一系列研究行为，即决策活动立足于决策者对于某项决策问题或事件的价值取向（目标定位）、决策准则的取舍、目标相对重要性的判断等，并在决策者的价值体系及偏好域内对论证活动所提供的各个备选方案进行评价和排序。而本研究在武器装备体系结构设计过程中强调价值导向，认为价值先于方案，即由决策者的价值引导方案的生成与选择。根据“当你将要完成什么，你将试图去确立能帮你完成目标的方案”的说法，VFT 方法对价值的关注超过对方案的关注，可以激发创造性方案的生成。也就是说，它以价值模型为基础，根据决策者的价值偏好设计好权重，按照统一的标准分别对这些方案进行评分，得到各个武器装备体系结构方案基于同一标准的分数—价值（Value），进而依据方案的价值对它们进行比较分析与排序择优。

研究的目的是从技术推动和需求牵引的角度，用科技体系组合内在价值结构解决科技战略规划组合的选择问题。本研究提出了一个集成的技术推动和需求牵引（TPRP）模型，它包含两个阶段：基于多目标规划的组合价值建模和组合选择问题的求解。第一阶段包括通过技术成熟度水平评估组合的准备级别（PRL）以及通过集成成熟度水平获得组合的满意水平。定义五级技术推动作用测度（TPMs）和二级需求牵引作用测度（RPMs）来建立一个武器装备系统组合价值模型。第二阶段旨在通过多目标规划解决组合的选择问题和确定最优组合（在文中采用 T&R 组合形式表示）。这一阶段，一些必要的关键组件是成本和能力约束、可行的组合产生和优势结构设计。TRL 已经被美国许多政府机构用来评价技术集成到系统之前技术发展的成熟度。然而，设计 TRL 是为了评价一项单独的技术，而不能满足全面了解系统的需求。IRL 和 TRL 一样，被定义为一个度量标准，是为了评价两项技术之间的集成准备状态，这是由 Gove 首先提出来的，能和 TRL 一起用来确定 SRL。设定 TRL 和 IRL 具有以下属性：①系统有 n 项技术，并且任何两项技术之间都有集成的可能性；②任何技术的 TRL 都有 10 个潜在的整数值，0－9；③任何集成的 IRL 都有 10 个潜在的整数值，0－9。

TRL 和 IRL 构成的 SRL 的计算包含两个结果：①技术和集成的发展水平确定系统的发展水平；②TRL 和 IRL 有不同的值源于单个技术对系

统有不同的作用。因此，在这个研究中，一个包含当前 TRL 和 IRL 尺度的 SRL 是用来衡量技术对系统的推动作用的。然而，当前系统的多功能特点使得 SRL 分析更加复杂。Ramirez – Marquez 和 Sauser 广泛阐述了 SRL 背后的基本原理。对于多功能系统（MFMC），Tan 提出了一种分层 SRL，SRL 被定义在三个不同的层次：能力 SRL（SRL_ c）、功能 SRL（SRL_ f）和整体系统 SRL（集成 SRL）。对本书中系统和能力关系的理解类似于 DoDAF V2.0 的定义，但不同于在分层 SRL 中的思考。当已经选定一种组合，其适用性是由基于多种技术和集成的一系列多功能系统所提供的实用性所提供的。因此，本研究中技术推动的效果，如表 4.3 所示，通过 5 级技术推动测评（TPMs）来评估：TRL、功能成熟度水平（FRL）、SRL、能力成熟度水平（CRL）和 PRL。

表 4.3 五级技术推动测评（TPMs）和它们的定义

级别	TPMs	定义	备注
I	TRL&IRL	应用在技术层次的成熟度指数 0-9	传统定义
II	FRL	应用在功能层次的成熟度指数 0-1	我们的定义
III	SRL	应用在系统层次的成熟度指数 0-1	传统定义
IV	CRL	应用在能力层次的成熟度指数 0-1	我们的定义
V	PRL	应用在组合层次的成熟度指数 0-1	我们的定义

假定有 n 种技术包含在候选系统中，确切地说，获得一个基于 5 级 *TPMs* 的 *PRL* 的步骤如下：

（1）为了对成熟度指标进行去量纲化，便于与能力需求类指标进行比较，*TRL* 在式（4.1）中定义为一个矢量，TRL_i 是技术 i 的 *TRL*，并且 TRL_i 的值被规范化在 0 和 1 之间。

$$[TRL]_{n\times1} = \begin{bmatrix} TRL_1 \\ TRL_2 \\ \vdots \\ TRL_n \end{bmatrix} \xrightarrow{Normalize} [TRL']_{n\times1} = \frac{TRL}{9} = \begin{bmatrix} TRL_1' \\ TRL_2' \\ \vdots \\ TRL_n' \end{bmatrix} \tag{4.1}$$

（2）为了对成熟度指标进行去量纲化，便于与能力需求类指标进行比较，*IRL* 在式（4.2）定义为一个矩阵，IRL_{ij}是技术 i 和 j 之间的 *IRL*，它的值规被规范化在 0 和 1 之间。

$$[IRL]_{n\times n}=\begin{bmatrix} IRL_{11} & IRL_{12} & \cdots & IRL_{1n} \\ IRL_{21} & IRL_{22} & \cdots & IRL_{2n} \\ \vdots & \vdots & \ddots & \vdots \\ IRL_{n1} & IRL_{n2} & \cdots & IRL_{nn} \end{bmatrix} = \xrightarrow{Normalize}$$

$$[IRL']_{n\times n}=\begin{bmatrix} IRL'_{11} & IRL'_{12} & \cdots & IRL'_{1n} \\ IRL'_{21} & IRL'_{22} & \cdots & IRL'_{2n} \\ \vdots & \vdots & \ddots & \vdots \\ IRL'_{n1} & IRL'_{n2} & \cdots & IRL'_{nn} \end{bmatrix} \tag{4.2}$$

注意 IRL_{ii}表示技术 i 和它自身假想的集成，且 $IRL_{ii}=9$。

（3）为了计算每个功能的 *FRL*，我们假定所有的技术及其集成提供了 f 种功能，且功能 r 的 *FRL* 表示为 FRL_r，f，r 属于 N^+，$r\leqslant f$。

首先，*ITRL* 矩阵是 *TRL* 和 *IRL* 矩阵的乘积：

$$ITRL=\mathrm{Norm}\times IRL'\times TRL' \tag{4.3}$$

这里 *Norm* 是对角矩阵 $diag\ [1/m_1,\ 1/m_2,\ \cdots,\ 1/m_i,\ \cdots,\ 1/m_n]$，且 m_i是技术 i 和自身以及所有其他技术集成的数量。通过对角矩阵 Norm，［0，1］中标准化的常量 ITRLi 能从原始的 $[0,\ m_i]$ 中获得。然后，我们假定包含在功能中的技术和集成只是所有技术集合 T^* 和集成集合 I^* 的子集。特别地，包含在 F_r的技术数量是 n'，且 $n\in N^+$，$n'\leqslant n$。不失一般性，我们仅仅选择第前 n'项技术作为功能 F_r中的技术。所以矩阵 $ITRL\_F_r$，表示为功能 r 的 *ITRL*，是矩阵 $[IRL'_F_r]_{n'\times n'}$和矩阵 $[TRL'_F_r]_{n'\times 1}$的乘积。

$$ITRL\_F_r=[Norm]_{n'\times n'}\times[IRL'\_F_r]_{n'\times n'}\times[TRL'\_F_r]_{n'\times 1} \tag{4.4}$$

这里，$[Norm]_{n'\times n}'$，$[TRL'_F_r]_{n'\times 1}$和$[IRL'_F_r]_{n'\times n'}$分别是$[Norm]_{n\times n}$，$[TRL']_{n\times 1}$和$[IRL']_{n\times n}$的子阵。因此，式（4.4）能写成如下形式：

$$ITRL\_F_r = \begin{bmatrix} ITRL_1 \\ ITRL_2 \\ \cdots \\ ITRL_{n'} \end{bmatrix}$$

$$= \begin{bmatrix} \frac{1}{m} & 0 & \cdots & 0 \\ 0 & \frac{1}{m_2} & \cdots & 0 \\ \vdots & \vdots & \ddots & \vdots \\ 0 & 0 & \cdots & \frac{1}{m_{n'}} \end{bmatrix} \times \begin{bmatrix} IRL'_{11} & IRL'_{12} & \cdots & IRL'_{1n'} \\ IRL'_{21} & IRL'_{22} & \cdots & IRL'_{2n'} \\ \vdots & \vdots & \ddots & \vdots \\ IRL'_{n1} & IRL'_{n2} & \cdots & IRL'_{n'n'} \end{bmatrix} \times \begin{bmatrix} ITRL_1 \\ ITRL_2 \\ \cdots \\ ITRL_{n'} \end{bmatrix}$$

$$= \begin{bmatrix} (IRL'_{11}TRL'_1 + IRL'_{12}TRL'_2 + \cdots IRL'_{1n'}TRL'_{n'})/m_1 \\ (IRL'_{21}TRL'_1 + IRL'_{22}TRL'_2 + \cdots IRL'_{2n'}TRL'_{n'})/m_2 \\ \cdots \\ (IRL'_{n1}TRL'_1 + IRL'_{n2}TRL'_2 + \cdots IRL'_{n'n'}TRL'_{n'})/m_{n'} \end{bmatrix}$$

（4.5）

定义4.1：功能r的成熟度等级，表示为FRL_r，可由以下公式定义：

$$FRL_r = \frac{1}{n'}\sum_{i=1}^{n'} ITRL_i \tag{4.6}$$

（4）计算系统的SRL。假定m是所有候选系统的数量，且一个系统有f'个功能，$f' \in N^+$，$f' \leqslant f$。类似的，我们选择所有f个功能中的前f'个作为包含在系统S_t，m，$t \in N+$，$t \leqslant m$。系统S_t的SRL，表示为SRL_t，是f'个FRL的平均值，并且定义如下：

$$SRL_t = \frac{1}{f'}\sum_{r=1}^{f} FRL_r = \frac{1}{f'}\frac{1}{n'}\sum_{r=1}^{f}\sum_{i=1}^{n'} ITRL_i \tag{4.7}$$

（5）计算能力的 *CRL*。能力是相应系统提供的一定数量的功能向更高层次的一种涌现行为。因此，能力的 *CRL* 取决于能力中所有的本质功能的 *FRL*。假定能力由前 f'' 个功能构成，$f'' \in N^+$，$f'' \leq f$。

定义 4.2：能力 C_u 的成熟度水平表示为 CRL_u，可以由以下公式定义：

$$CRL_u = \frac{1}{f''}\sum_{r=1}^{f''} FRL_r = \frac{1}{f''}\frac{1}{n''}\sum_{r=1}^{f''}\sum_{i=1}^{n'} ITRL_i \tag{4.8}$$

（6）计算组合的 *PRL*。假定 p（$p \in N^+$）是所有可能的系统组合的数量，且每个系统组合中有 m' 个系统，$m' \in N^+$，$m' \leq m$。我们仍然选择前 m' 个系统作为组合 P_s 中的，$s \in N^+$，$s \leq p$。

定义 4.3：组合 P_s 的成熟度水平，表示为 *PRLs*，是所有 t' 个 *SRLs* 的平均值，且公式表示如下：

$$PRL_s = \frac{1}{m'}\sum_{t=1}^{m'} SRL_t = \frac{1}{m'}\frac{1}{f'}\frac{1}{n'}\sum_{t=1}^{m'}\sum_{r=1}^{f'}\sum_{i=1}^{n'} ITRL_i \tag{4.9}$$

5 级 *TPMs* 是一个集成的有用的指标，表示出武器装备系统组合处于其发展周期的位置。与许多文献中 *SRL* 范围的定义一样，*SRL*、*PRL* 的常见定义和相应的术语，如表 4.4 所示。

表 4.4　*SRL*（*PRL*）范围和定义

SRL（PRL）	定义
0.90 – 1.00	操作和支持（OS）
0.80 – 0.89	产品和调度（PD）
0.60 – 0.79	工程和制造发展（EAD）
0.40 – 0.59	技术发展（TD）
0.10 – 0.39	概念细化（CR）

很明显，公式（4.7）中 *SRL* 的计算结果取决于相应的 *TRL* 和 *IRL*，而不需要考虑多种能力。因此，只有一种最后的测度 *PRL*，从技术推动角度反映武器系统组合的价值。尽管如此，公式（4.7）和公式（4.8）中相似的表达式显示了多种能力需求和具有多功能的系统之间的关系。

接下来从多能力的 *CRL* 进行分析，并且把多能力需求的数量看成基本约束。

4.4 数据包络评估分析方法

组合决策分析是指，在获得备选方案集中每一个方案的费用情况和能力评估结果后，在给定经费或能力需求的约束条件下，选择优化的备选方案，如图 4.3 所示。图中的每一个点都代表一个备选方案，并且所有圆点的连线就构成了备选方案集的有效前沿（Efficient Frontier）对于给定的经费要求，效能/能力最高的备选方案就位于有效前沿上；同时对于给定的能力需求，经费需求最小的备选方案也位于有效前沿上。因此，就可以基于经费需求选择优化的备选方案，也可以基于效能/能力需求选择优化的备选方案。

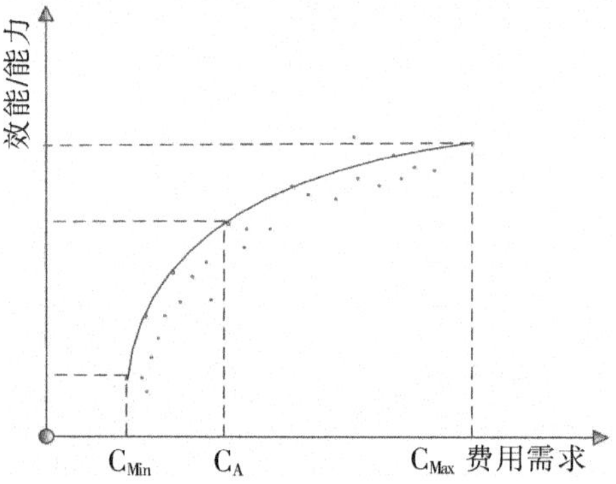

图 4.3　备选方案的费用与效能/能力关系示意图

尽管有效前沿在整体上表现为增函数，但可能会存在“拐点 A”将函数分为两部分。在 A 点左面，函数呈现出“收益递增”现象，说明随着经费要求的增加，备选方案的效能/能力有较大的提高；而在 A 点右面，函数则呈现出“收益递减”现象，说明随着经费需求的继续增加，备选方案的效能/能力提高并不明显。因此从投入与产出的关系来说，A

点所代表的备选方案是最适当的。对于 B 点所代表的备选方案，尽管其效能/能力大于 A 点所代表的备选方案，但如果减少 B 点的经费需求，则可以增加单位投入的产出。因此，可以基于备选方案的投入与产出关系，在有效前沿上进一步选择优化的备选方案。

4.5 能力、费用、风险综合分析评估方法

选择满足任务程度、满足任务风险、建设费用和建设风险作为指标评价每种方案的优劣。按照不同的决策目的和重点，对建设方案进行排序和选优。

4.5.1 科技战略规划方案的影响因素

在对科技战略规划方案进行构建时，需要考虑的影响因素有很多，重点分析其中的作战能力、费用、风险等因素，将其作为评估建设方案的主要指标。

作战能力是评价科技战略规划方案优劣的首要指标。无论什么种类的科技战略规划方案，其建设周期有多长，最终目的都是要具有较高的作战能力，以满足作战任务的需求。科技战略规划方案的作战能力是在建设方案中各装备技术项目作战能力的基础上，按照体系结构形式，形成的科技发展的整体作战能力。

费用是科技战略规划方案构建中需要考虑的另一重要因素。一个较优的科技战略规划方案，不仅要能够满足作战任务需求，还要具有可以承受的费用。否则，就会出现买不起或用不起的武器装备，无法真正形成战斗力。

风险指科技战略规划方案实施中可能遇到的不确定性及其影响，这也是必须考虑的一个因素。如果建设方案的风险较高，就很难保证届时能够得到相应的装备技术，或形成作战能力。因此在顶层设计时，必须

保证风险处于可接受和可控的范围之内。

4.5.2 科技战略规划方案的特点

科技战略规划方案是面向未来的科技发展方案，具有明显的前瞻性。为有效应对未来可能的多样化任务，科技战略规划方案必须具有一定的灵活性、适应性和鲁棒性。

灵活性指科技战略规划不仅仅针对单一的作战任务或作战对手，而是能够应对多种不同的作战任务需求，具有广泛的适用范围。灵活性保证了科技战略规划从一开始就能够从顶层设计出发，综合权衡各军兵种、装备技术和多种作战任务需求，避免出现“烟囱”装备，增强科技战略规划方案的综合效益。

适应性指科技规划具有一定的自适应属性，存在必要的冗余与备份。当个别技术导致装备毁损或无法正常工作时，其他技术装备能够重新组合，以保证整体作战能力降低得最少。适应性能够使国防技术在功能结构上更加科学合理，成为一个有机的功能整体。

鲁棒性指在时间轴上，国防技术能够比较稳定地应对各阶段的作战任务，不会有大的起伏波动。鲁棒性可以保证科技战略规划过程是一个可持续的发展过程，能够同时兼顾近、中、远不同时期的作战需求，具有良好的演化特性。

科技战略规划方案的这些特点对相应的决策方法也提出了新的挑战。常用的专家调查法、层次分析法等已很难保证能够得到科学合理的决策结论，因此必须研究新的分析方法。

4.5.3 均值方差组合理论

组合分析的基本理论是均值方差组合理论，主要相关概念如下：

资产：可以选择投资的各种金融产品，包括科技货币市场证券（如国库券、回购协议）、资本市场证券（如中长期国债、市政债券、股票）

及间接投资（如各种基金）等。对各种资产，投资者可以从中选择进行单项投资或组合投资。

收益：投资者的资产在一定时间内的价值增长，可用收益率表示。获取收益是投资者进行投资的最终目的，因此高收益的资产通常也是投资的重点对象。

风险：投资者未能获取预期收益的可能性。风险越小，表示获取预期收益的可能性越大；风险越大，表示获取预期收益的可能性越小。对单个资产而言，风险与收益通常是关联的。风险小的资产，收益通常较低；风险大的资产，收益通常较高。投资者选择资产进行投资时，必须在风险与收益间进行权衡。

各种资产在未来市场中的表现可以根据历史数据进行预测，投资者使用预测值进行投资决策。在进行投资决策时，投资者根据个人偏好，确定对各种资产的投资比例，进行不同的投资组合。

在均值方差组合理论中，资产的收益通常用该资产在未来市场不同表现中的收益均值表示，风险则用该资产的收益方差或标准差表示。相关数学模型如表 4.5 所示。

表 4.5　均值方差组合理论中的数学模型

市场	表现	好	一般	差	收益均值	收益方差	收益标准差
	可能性	P_1	P_2	P_3			
	资产1	R_{11}	R_{12}	R_{13}	$R_1 = \sum_{j=1}^{3} P_j R_{1j}$	$\sigma_1^2 = \sum_{j=1}^{3} P_j (R_{1j} - R_1)^2$	σ_1
	资产2	R_{21}	R_{22}	R_{23}	$R_2 = \sum_{j=1}^{3} P_j R_{2j}$	$\sigma_2^2 = \sum_{j=1}^{3} P_j (R_{2j} - R_2)^2$	σ_2
	…	…	…	…	…	…	…

续表

市场	表现	好	一般	差	收益均值	收益方差	收益标准差
	可能性	P_1	P_2	P_3			
	资产N	R_{N1}	R_{N2}	R_{N3}	$R_N = \sum_{j=1}^{3} P_j R_{Nj}$	$\sigma \frac{2}{N} = \sum_{j=1}^{3} P_j (R_{Nj} - R_N)^2$	σ_N
	组合投资	$R_{P1} = \sum_{i=1}^{N} X_j R_{i1}$	$R_{P2} = \sum_{i=1}^{N} X_j R_{i2}$	$R_{P3} = \sum_{i=1}^{N} X_j R_{i3}$	$R_p = \sum_{j=1}^{3} P_j R_{pj}$ 或 $R_P = \sum_{i=1}^{N} X_j R_i$	$\sigma \frac{2}{P} = \sum_{i=1}^{N} \sum_{j=1}^{3} (X_i X_j \sigma_i \sigma_j P_{ij})^2$	σ_p

表4.5中，假设未来市场具有3种可能的表现情况（好、一般、差），考虑N种资产；P_j（$j=1$，2，3）：市场表现情况j出现的可能性；R_{ij}（$i=1$，2，…，N；$j=1$，2，3）：资产i在市场表现j时的预期收益；RP_j（$j=1$，2，3）：组合投资在市场表现j时的预期收益；X_i（$i=1$，2，…，N）：组合投资中对资产i的投资比例，且要求$\sum_{i=1}^{N} X_i = 1$；ρ_{ij}（$i=1$，2，…，N；j=1，2，3）；资产i与资产j的相关性，且$\rho_{ij}=\rho_{ji}$，$\rho_{ii}=1$。在实际金融市场中，市场的表现情况要远比此复杂。

当进行组合投资时，资产间的相关性越小，分散投资的收益越大，承担的风险也越小。这也是进行组合投资的最大优点。

借鉴组合分析理论，科技战略规划中的装备项目可以视为资产，科技战略规划方案可以视为组合投资，作战能力可以视为收益，应对的多样化作战任务可以视为不同的市场表现。在此基础上，再同时考虑建设费用、建设风险等因素，进行科技战略规划方案的构建与决策分析。

4.5.4 决策分析中的数学模型

按照均值方差组合理论，科技战略规划方案的满足任务程度和满足任务风险基于其中各装备技术构成的满足任务程度和满足任务风险计算，分别用满足任务程度均值、满足任务程度方差表示。建设费用取为各装备技术构成的建设费用之和。建设风险取为各装备技术构成建设风险的并联和，用风险因子表示。相关数学模型及参数如图 4.4 所示。

	满足任务程度	满足任务风险	建设费用	建设风险
武器装备建设方案 $i=1, 2, \cdots I$	$EP_i = \sum_{k=l}^{Z} EA_z$	$REAP_i^2 = \sum_{i=l}^{Z} REA_z^2$	$CP_i = \sum_{z=1}^{Z} CA_z$	$RP_i = 1 - \prod_{z=l}^{Z}(1 - RA_z)$

	满足任务程度	满足任务风险	建设费用	建设风险
装备项目 $j=1, 2, \cdots J$	$EA_j = \sum_{k=l}^{K}(w_k w_{zk} E_{jk})$	$REA_j^2 = \sum_{k=l}^{K}[w_k w_{zk}(E_{jk} - EA_j)^2]$	CA_j	RA_j

图 4.4 决策分析中的数学模型

图 4.4 中相关参数含义如下：

z：装备技术种类序号，即子任务序号，$Z=4$。按照装备技术种类与子任务的对应关系，序号 z 与其他参数具有以下对应关系：对科技战略规划方案 i 中的装备种类 z，选择相应装备种类中的武器装备 j；对作战任务 k 中的子任务 zk，由科技战略规划方案中的装备技术种类 z 完成。

ω_k：任务 k 在所有多样化任务中的权重，满足归一化要求。

ω_{zk}：子任务 zk 在任务 k 中的权重，满足归一化要求。

对以上参数的初始值，两类权重取值都可使用专家调查法确定。各类装备技术满足任务程度 E_jk，可对比任务需求、相应装备性能综合评分取值，或采用其他分析方法获取。各装备技术的建设费用 CA_j 建设风险 RA_j 分析属于装备系统的分析问题，已有很多方法，不再赘述。

使用图 4.4 所示的数学模型，从下向上可以计算各科技战略规划方案的指标数值。

4.5.5 决策方法

根据科技战略规划方案的决策矩阵分析结果，按照不同的决策目的和重点，以及决策者的倾向偏好，会优先考虑不同的指标或约束，使用不同的决策方法，得到不同的方案排序和最优的科技战略规划方案。下面仅给出几种决策分析方法。

最低能力约束决策：在保证科技战略规划方案满足任务程度不低于最小值的前提下，综合权衡满足任务风险、建设费用、建设风险，进行方案的优先排序，选择最优的建设方案。

最高费用约束决策：在科技战略规划方案的建设费用不超过最高约束的前提下，综合权衡满足任务程度与风险、建设风险，进行方案的排序与选优。

最高风险约束决策：在科技战略规划方案的建设风险不超过可承受的最高值的前提下，综合权衡满足任务程度与风险、建设费用，进行方案的排序与选优。

效费比决策：根据各科技战略规划方案的满足任务程度与建设费用之比，综合权衡建设风险，进行方案的排序与选优。

4.6 组合方案的技术成熟度分析评估方法

受年度经费预算的制约，科技战略规划研究常面临投资对象的取舍问题和投资经费的优化分配问题。为了提高投资决策的科学性、实现投资方案的优化，迫切需要制定能够客观衡量方案优劣的标准，研究针对性强的投资组合方法。

技术成熟度评价（Technology Readiness Assessment，TRA）自 2001 年开始应用于美军的武器装备采办项目，并逐渐得到推广。2006 年，美国的 Saucer 等人以 TRA 为基础，进一步提出了系统成熟度评价（System Readiness Assessment，SRA）的概念和方法，其评价结果可以有效反映项目整体进展情况，是实施项目管理决策的重要依据。

系统成熟度描述的是系统“当前”状态在其发展演化过程中所处的位置，反映的是系统对项目预期建设目标的满足程度。系统成熟度评价方法则是指采用系统成熟度标准对系统建设进度和满足预期目标程度进行评价的过程。

系统成熟度评价方法的一般流程如图 4.5 所示。包括关键技术分解与遴选、技术成熟度评价、集成成熟度评价（Integration Readiness Assessment，IRA）和系统成熟度评价四个环节。首先，通过关键技术分解与遴选明确被评的科技战略规划所涉及的关键技术清单和分解结构。其次，以清单为依据对关键技术开展 TRA，以分解结构为基础研究 SRA 算法。再次，讨论系统中关键技术的相互关系，若关键技术之间集成关系明确，则建立系统的集成关系模型，并对系统开展 IRA；若技术分解结构显示关键技术之间不存在明确集成关系，则 IRA 环节可略；最后，将 TRA 和 IRA 的输出通过 SRA 算法结合，即可得到 SRA 的评价结果。以上环节中，TRA 与 IRA 主要依据评价对象满足评价细则的情况来判断其成熟度等级，操作程序和方法已基本成熟，能够直接应用于科技战略规划的评价过程；而关键技术分解与遴选和 SRA 环节在不同项目的评价中区别较大，不能一概而论，因此有待进一步研究其适用性。

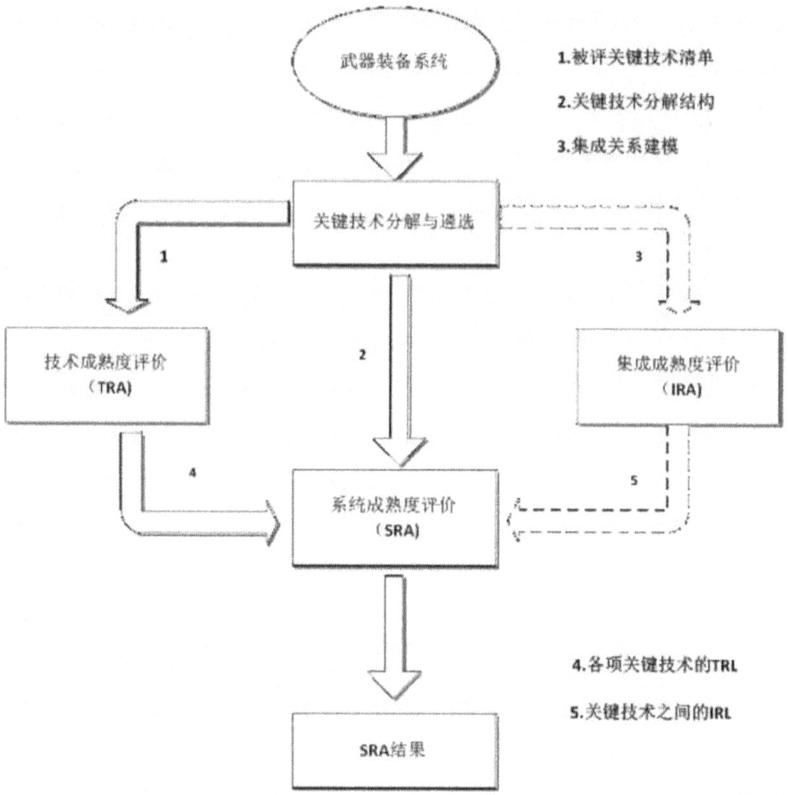

图 4.5　成熟度评价系统图

4.6.1 关键技术分解与遴选

科技战略规划涉及的技术领域众多，为使研究和管理具有更强的针对性和实用性，需依据其特点和规范化的框架进行关键技术分解；进而从中遴选出对于满足系统性能指标十分重要且比较新颖的技术项目，即关键技术单元（Critical Technology Element，CTE），最后形成关键技术清单和关键技术分解结构。

其中，关键技术分解结构通常存在以下两种形式：一是 CTE 之间的集成关系明确，彼此交叉互联，形成“网状”的关键技术分解结构；二是同层级的技术之间相互独立，无交叉、无集成，但层级之间有明确的包含与归属关系，能够由系统层层分解至 CTE，最终形成“树状”的关键技术分解结构，如图 4.6 所示，由于装备预先研究阶段的技术普遍处于发展初期，缺乏应用基础，很难达到系统集成的要求，因此科技战略规划的关键技术分解结构更加符合“树状”特征。

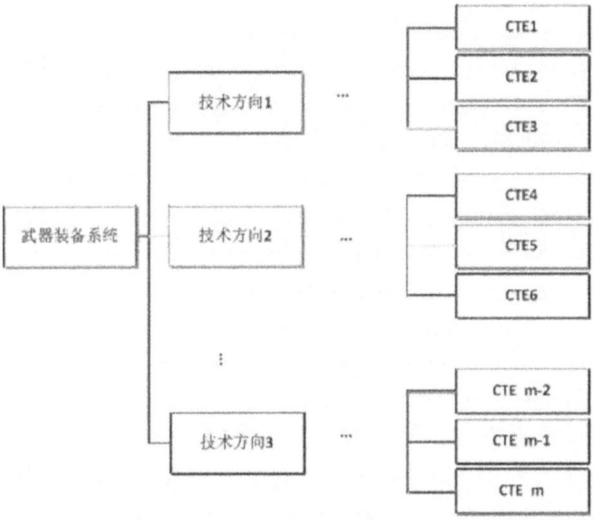

图 4.6 “树状”关键技术分解结构

4.6.2 系统成熟度评估（SRA）环节

SRA 环节是将 TRA 和 IRA 的评价结果通过 SRA 算法结合得到系统成熟度等级（System Readiness level，SRL）的过程，其中，SRA 算法的研究基础是关键技术分解结构，分解结构不同算法也不同。2008 年，Sauser 等人基于“网状”分解结构，提出了一种 SRA 矩阵算法，通过矩阵计算模拟系统的集成关系，并利用仿真案例验证了评价结果的合理性。但对于“树状”分解结构，目前尚未有权威、统一的 SRA 算法。

研究中借鉴了“以价值为中心的贡献度分析方法”，通过该方法确定各层级技术的贡献度。进而提出了适用于科技战略规划的 SRA 算法。具体计算方法和步骤如下：

假设技术分解结构由三个层级构成，共包含 n 个技术方向和 m 项 CTE，其中技术方向 i（$i=1, 2, \cdots, n$）包含 m_i 项 CTE；CTE_j（$j=1, 2, \cdots, m$）的技术成熟度等级（Technology Readiness level，TRL）为 TRL_j，对技术方向 i 的贡献度为 λ_j $(0<\lambda_j\leqslant 1, \sum_{j=m_{i-1}=1}^{m_i}\lambda_i=1)$，可以计算技术方向 i 的成熟度 $TFRLi$：

$$TFRL_i = \sum_{j=m_{i-1}+1}^{mi} \lambda_i TRL_j \tag{4.10}$$

又假定技术方向 i 对系统的贡献度为 μ_i $(0<\mu_i\leqslant 1, \sum_{i=1}^{n}\mu_i=1)$，可以计算科技战略规划的系统成熟度等级 SRL 为：

$$SRL = \sum_{i=1}^{n} \mu_i TFRL_i = \sum_{i=1}^{n} \mu_i \sum_{j=m_{i-1}+1}^{mi} \lambda_j TRL_j \tag{4.11}$$

上述评价方法能够将科技战略规划的 SRL 与关键技术单元的 TRL 紧密关联起来，为科技战略规划的投资组合分析提供一种重要的方法依据。

4.6.3 SRA 的组合分析评估方法

SRA 的科技战略规划投资组合模型：

（1）问题设定

假定科技战略规划的投资方案 *Project* 是由 m 项关键技术单元组成的向量 *Project* =（*CTE*1，*CTE2*，…，*CTEm*），对于关键技术单元 j，*CTEj* 的取值范围为 1 或 0，若取值为 1 表明投资方案中包括 *CTEj*，反之则表明 *CTEj* 没有被纳入投资方案中；如果 *CTEj* 被方案采纳，投资后 CTEj 的技术成熟度的期望提高幅度就为 *Exp*（*CTEj*），期望达到的新等级为 TRL^G，系统的成熟度也将发生伴随性变化：

$$SRL^G = \sum_{i=1}^{n} \mu_i \sum_{j=m_{i-1}+1}^{mi} \lambda_j TRL_j^G \tag{4.12}$$

对 *CTEj* 投资所需的经费为 *Cost*（*CTEj*），项目总投资经费 *Cost* 是方案所包含的 *CTE* 的投资费用之和，总经费一般不能超过预算金额。

（2）建立模型

在科技战略规划投资组合分析中，需要对系统成熟度等级和投资总经费两个要素进行综合考虑：一方面，提高投资“收益”即系统成熟度等级的最大化；另一方面尽可能降低项目投资总经费。综上考虑，建立经费投资组合模型如下：

$$\begin{cases} Project = (CTE1, CTE2, \ldots, CTEm) \\ CTEj = \{0,1\}, j = 1,2,\ldots,m \\ TRL_j^G = TRL_j + Exp(CTEj) \times CTEj \\ minCost = \min \sum_{j=1}^{m} Cost(CTEj) \times CTEj \\ Cost \leqslant Budget \\ \mathrm{maxSRL}^G = \max \sum_{i=1}^{n} \mu_i \sum_{j=m_{i-1}+1}^{m_i} \lambda_j TRL_j^G \end{cases} \tag{4.13}$$

对于上述模型采用构建 SRL^G——总经费平面，寻求投资“有效前沿”的方法予以解算。第一步，将经费投资的所有组合方案以坐标点的形式映射在平面内，如图 4.7 所示；第二步，在平面内所有方案点的右下边缘绘制一条外包络线，这条线即为投资组合的“有效前沿”，也是投资模型的全部最优解的集合；第三步，根据经费预算，将投资方案划分为可行与非可行两部分，总经费超出预算的视为非可行方案，其余为可行方案；第四步，在经费预算约束与“有效前沿”交点周围所有可行方案中寻找与交点距离最近的方案点（图 4.7 中 F 点），就是该经费预算下的最优投资方案，对应的横轴坐标 SRL^G 即为投资后的目标系统成熟度等级。

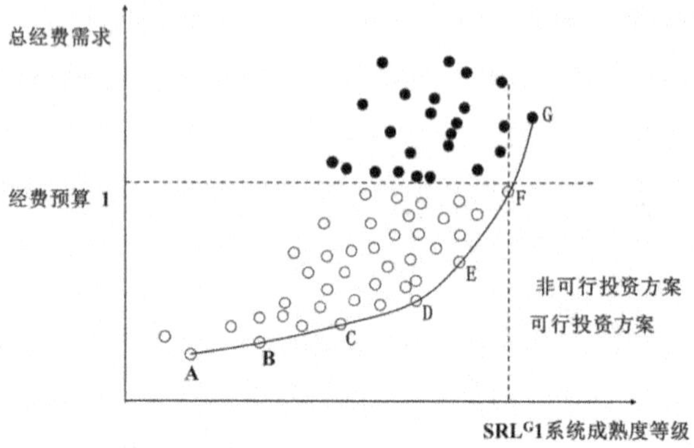

图 4.7 组合方法示意图

设定一个技术分解结构为二级的科技战略规划，共包含 3 个技术方向和 10 项关键技术单元，各层级的贡献度、技术成熟度等级和经费需求情况，如表 4.6 所示，通过 SRA 算法计算可知，投资前科技战略规划的 SRL = 3.04。若投资方案包含全部 CTE，则总经费需求为 3700 万元。若目前经费预算存在两种情况，分别为 3000 万元和 2500 万元，试选取两种经费预算情况下的最优投资方案，并计算投资后系统达到的成熟度等级。

表 4.6 科技战略规划基础数据表

贡献度 μ	贡献度 λ	关键技术单元名称	当前 TRL	目标 TRL	经费需求（万元）
0.4	0.4	CTE1	4	6	500
	0.2	CTE2	3	4	260
	0.4	CTE3	3	5	400
0.3	0.3	CTE4	2	5	520
	0.3	CTE5	3	5	340
	0.4	CTE6	2	4	290
0.3	0.2	CTE7	3	6	570
	0.2	CTE8	3	5	300
	0.3	CTE9	2	4	280
	0.3	CTE10	5	6	240

现采用 Matlab 仿真基于系统成熟度评价的投资组合方法的计算过程。首先得到了全部的投资组合方案，绘制投资的“有效前沿”，再分别划定两种经费预算约束，选取可行方案中的最优方案。当经费约束为 3000 万元时，最优投资方案为 $Project_1$ = （1，0，1，1，1，1，0，1，1，1），投资总经费 2870 万元，投资后科技战略规划的 $SRL_1^G=4.76$；当经费约束为 2500 万元时，最优投资方案为 $Project_2$ = （1，0，1，1，1，1，0，0，1，0），投资总经费 2330 万元，投资后科技战略规划的 $SRL_2^G=4.55$。

实验结果表明，伴随着经费投入量的增加，装备技术的发展水平一般会呈现递增趋势，这与装备技术预先研究的实际情况相吻合。但在相同的经费投入量下，采取不同的投资策略，系统所达到的目标状态也会有较明显的差别。利用本书提出的投资组合方法得到的投资方案能够使得科技战略规划的系统成熟度等级在同等经费预算约束下达到最大值，保证了经费投资“效益”的最大化，在以系统成熟度等级为衡量标准的方案决策中达到了最优，仿真结果兼具合理性与有效性。

4.6.4 系统成熟度矩阵算法

系统成熟度矩阵算法是利用现有各项技术成熟度以及技术之间集成成熟度相联系的矩阵函数算法。

以一个由 n 项关键技术构成的系统为例，其系统成熟度计算过程如下：

（1）对所有技术的技术成熟度进行评估，形成技术成熟度矩阵（向量）

$$[TRL]_{n\times 1}=\begin{bmatrix}[TRL]_1\\ TRL]_2\\ \vdots\\ TRL]_n\end{bmatrix} \tag{4.14}$$

（2）给出技术之间的集成成熟度

$$[IRL]_{n\times n}=\begin{bmatrix} IRL_{11} & IRL_{12} & \cdots & IRL_{1n} \\ IRL_{21} & IRL_{22} & \cdots & IRL_{2n} \\ \vdots & \vdots & \ddots & \vdots \\ IRL_{n1} & IRL_{n2} & \cdots & IRL_{nn} \end{bmatrix} \tag{4.15}$$

式中：IRL_{ij}为第 i 项技术与第 j 技术的集成成熟度等级，并规定 $IRL_{ii}=9$ $(i=1\cdots n)$。

（3）给出系统成熟度的计算公式

$$[SRL]_{n\times 1}=\begin{bmatrix} SRL_1 \\ SRL_2 \\ \vdots \\ SRL_n \end{bmatrix}=[IRL]_{n\times n}\times[TRL]_{n\times 1} \tag{4.16}$$

（4）给出系统的成熟度水平

$$SRL=\frac{\dfrac{SRL_1}{n_1}+\dfrac{SRL_2}{n_2}+\cdots+\dfrac{SRL_n}{n_n}}{n} \tag{4.17}$$

式中：n_i为第 i 项技术与其他技术集成的数量加上其与自身的集成总和。

系统成熟度是应用于系统层级的成熟度度量指标，目的是将度量指标与系统工程管理原则相关联。系统成熟度能够反映系统在生命开发周期中所处的阶段。美国国防部所列的系统成熟度等级及其度量关系，如表 4.7 所示。

表 4.7　系统成熟度等级

SRL 等级	对应阶段	定义
0.90 ~ 1.00	使用保障	完成能够满足作战保障性能要求的一项保障计划，在全生命周期内，在大多数费效方式中维护系统的运行
0.80 ~ 0.89	生产	达到满足任务需求的操作能力

续表

SRL 等级	对应阶段	定义
0.60～0.79	系统开发与演示	发展系统能力或能力正处于升级改进状态；减少集成和制造风险；实现人机系统集成；用于生产的设计，确保关键计划信息可支付能力和保护；验证系统的集成能力、协同工作能力、安全性和有用性
0.40～0.59	技术开发	减少技术风险，确定适当的技术，以集成一个完整系统
0.10～0.39	概念定义	定义最初的概念，发展系统/技术方法

4.7 基于体系概念建模的多层次评估方法研究

当前，在作战体系建模与仿真领域，国内外均开展了广泛研究。国防大学张昱、张明智等，从装备实体网络化效应角度，提出了一种基于OODA 环的武器装备体系建模方法，其核心思想是将 OODA 环理论和 EBI（实体—行为—交互）建模方法结合，形成“实体—网络—体系”的体系构建流程。装备学院王寿彪、李新明等，从联合作战意义下装备体系动态演化角度，提出一种基于知识演化的装备体系动态演化建模理论构想，该方法重点考虑了作战角度下装备体系的全要素共演化特征、动态复杂性、对抗性和人的因素在体系动态演化中的中心地位。国外由 Jack H. Sheehan 和 Paul H. Deitz 等美国军事装备研究专家提出了 MMF 框架，该框架重点描述一个为完成军事使命而进行的军事行动及对装备或者兵力的综合应用的关系。为了更准确地面向使命任务的能力需求，本书提出在体系建模过程中增加作战概念开发环节，承接需求分析和想定设计，并从使命层、任务层和体系/系统层多层次进行指标体系构建，基于任务域、装备域、组织域综合能力集成的三个维度，开展体系作战效能和体系贡献率仿真实验与评估，以指导后续体系方案优化，输出较优的可执行体系设计方案。

4.7.1 作战体系概念建模

作战体系概念建模是以军事人员通过开展体系的使命任务分析、能力需求辨识后开发的任务想定为输入，基于统一的建模框架，描述体系的能力组成、基础结构、运行流程等重要表征要素的过程。该过程输出的体系概念模型，是负责体系设计、开发的技术人员能够开展后续体系方案分析与验证工作的前提。

美军在能力试验方法（CTM）中，提出了开展作战体系的能力试验评估的实施基础是设计一系列作战体系评估的关键能力问题（CCI）、关键作战问题（COI）和关键技术问题（CTI）。关键能力问题是指体系配置 Y 在条件集 A 下执行任务 X，达到使命效果 Z 的能力问题，支撑实现体系使命目标；关键作战问题是指体系在规定的对抗环境下执行指定作战任务的作战效能问题，支撑生成体系能力需求；关键技术问题是指体系要达到规定的技战术指标所涉及的技术参数问题，支撑完成体系任务活动。

4.7.2 体系建模与评估研究框架

本书结合体系建模理论和 ABM、CTM、JMT 相关理论，提出了体系建模、分析、评估的总体研究框架，如图 4.8 所示。

第一步，作战体系概念建模。以军事人员编写的任务想定描述为输入，结合 JMT、ABM 方法论，从体系的功能组成、运行过程、静态实体关系、动态交互关系等多方面进行描述，以作战概念总体视图、作战活动视图、作战节点描述视图、作战节点关联矩阵等方式，开展具体建模工作。

图 4.8　体系概念建模与评估研究框架

第二步，指标体系构建。基于 JMT、CTM 方法，从使命级、任务级、体系/系统级进行指标分解，构建指标体系，如图 4.9 所示。使命级指标分解，按照使命描述、预期效果、使命属性和使命级指标的顺序，形成前后关联矩阵；任务级指标分解，按照作战节点、作战任务、任务属性和任务级指标的顺序，形成前后关联矩阵；体系/系统级指标分解，按照体系/系统功能、作战任务、体系/系统属性和体系/系统级指标的顺序，形成前后关联矩阵。

第三步，效能仿真实验与评估。采用 QFD 方法对指标体系中的关键指标进行筛选。采用 SEAS 仿真工具进行任务流程、装备系统实验与效能评估优化。

第四步，体系贡献率实验与评估。形成体系初始方案的 CCI—CTI—COI 问题框架，如图 4.10 所示。对该问题框架中重点关注问题进行体系贡献率实验与评估优化，最终形成较优的可执行体系设计方案。

本书通过“多无人集群协同作战体系”典型开发案例，重点介绍根据体系概念模型初始方案进行体系贡献率评估的详细研究过程，框架中其余研究过程仅简要介绍部分研究结果。

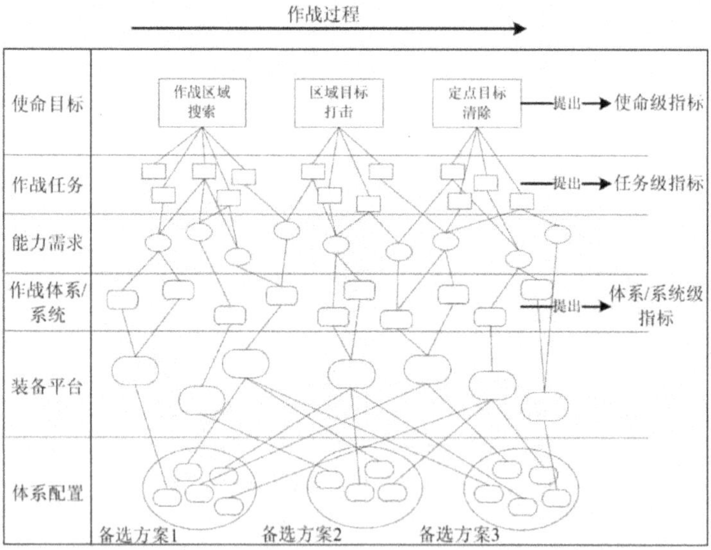

图 4.9 使命级—任务级—体系/系统级指标体系构建

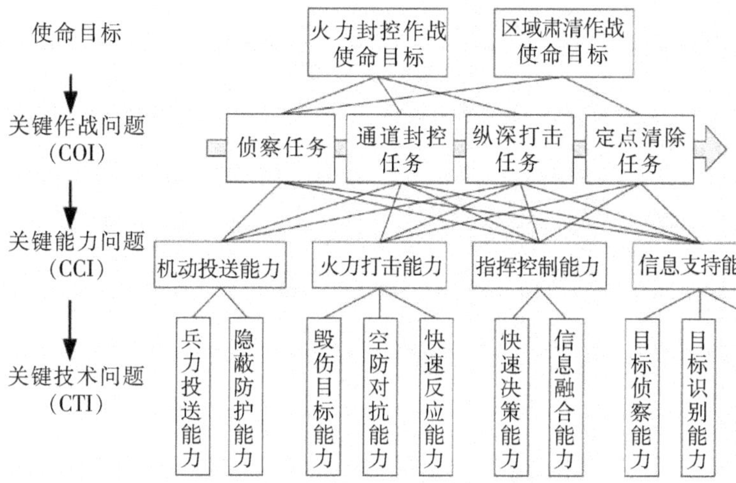

图 4.10 基于 CCI—COI—CTI 的体系贡献率评估

4.7.3 案例分析

4.7.3.1 案例背景

与需求方对接并进行分析后，本方案提出了“多集群（无人机群、巡飞弹群）协同作战”的作战概念，并形成任务想定，如表 4.8 所示。

表 4.8 多无人集群协同作战案例背景描述

条目	内容
时间	某年某月某日某时
地点	H、L 方某某地区
L 方兵力编成	L 军 X 步兵营（18 辆步战车、1 辆营指挥车、3 辆连指挥车、4 套防空导弹 -8 枚）、2 营（18 辆步战车、1 辆营指挥车、3 辆连指挥车、4 套防空导弹 -8 枚）
H 方兵力编成	H 方第 × × 旅无人作战营和巡飞弹营

续表

条目	内容
作战阶段	共分为四个阶段：侦察阶段、通道封控阶段、中近程纵深打击阶段、定点清除阶段
作战任务	要点封控、中近程纵深打击、定点清除
主要作战行动	侦察行动、一体打击行动、纵深打击行动、定点清除行动

4.7.3.2 体系概念建模

体系概念模型的开发主要包含整体描述和任务流程、装备系统建模。整体描述主要采用“5W1H”问题表和总体概念视图完成，任务流程、装备系统的建模主要基于 JMT 方法进行架构描述和基于 ABM 方法论进行关系描述，部分开发结果如表 4.9、图 4.11 所示。

表 4.9 作战概念“5W1H”描述

问题内容	智能巡飞弹集群作战
Who （体系的利益相关者）	H 方某作战区域
Why （体系对于完成使命任务的满足程度）	对于遂行封锁任务的满足度能够提升到 90%
What （体系的高层能力和已知的要素）	已知要素：巡飞弹群。高层能力：复杂环境适应能力、协同突防能力、协同侦察能力、协同打击能力
When （待执行的作战活动时间序列）	先期侦察、全域侦察、一体打击、纵深打击、定点清除的作战顺序
Where （体系运行的条件）	高海拔环境，L 方军事入侵，且政治外交等解决方案都无法奏效，且 H 方军事力量遭受攻击时
How （完成使命任务的一系列活动、系统端对端的描述）	见 JMT、ABM 建模

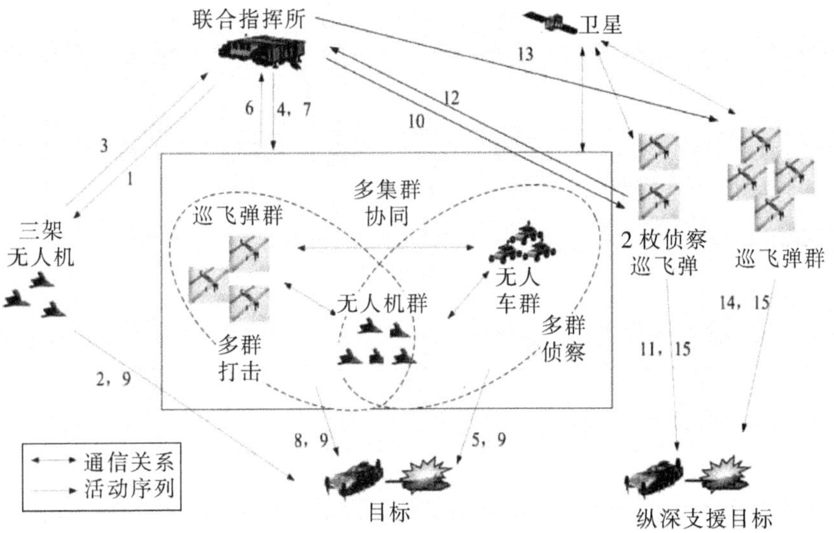

图 4.11 作战活动视图

4.7.3.3 指标体系构建

基于 JMT 方法的指标分解方法，如图 4.12 所示。通过使命效能指标分解、任务效能指标分解和体系/系统属性指三层次分解步骤，建立支撑体系使命效果和作战任务活动完成的指标体系，部分指标分解结果如表 4.10、表 4.11 所示。

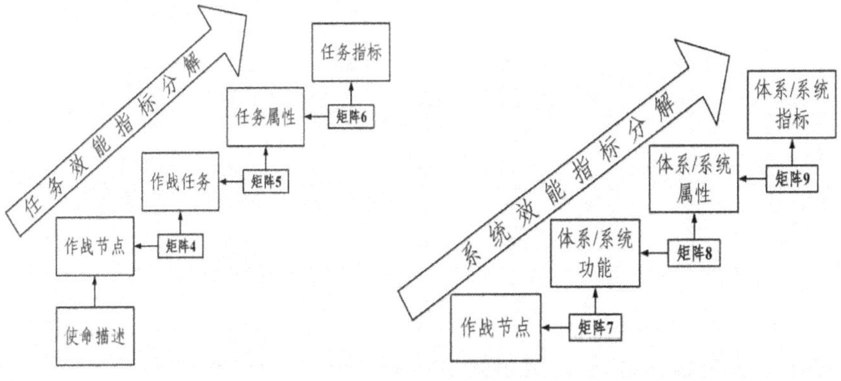

图 4.12 使命效能、任务效能、体系/系统属性指标分解步骤

表 4.10 （使命级）预期效果与使命属性矩阵

		属性					
		完成度	适应性	协同性	感知性	响应性	敏捷性
需要的效果	压制、毁伤敌方远程支援兵力			×		×	×
	毁伤敌方越界机动兵力	×				×	×
	消灭敌方越界残余兵力	×		×	×	×	×

（分解矩阵中 × 表示关联）

表 4.11 （任务级）作战任务与任务属性矩阵

	准确性	时效性	质量	信息可靠性	完成率
指挥所派遣 3 架无人机先期侦察	×	×			
3 架无人机先期侦察	×	×	×	×	×
侦察信息上报指挥所		×	×	×	
指挥所指派无人车群、无人机群进行全覆盖侦察	×	×			
…					

根据构建的指标体系，进行重点关注指标筛选，从任务域、装备域、组织域三域综合集成的角度，提出效能仿真实验与评估方案。本书略去效能仿真实验相关工作，主要介绍后续体系贡献率分析的详细过程，并以关键技术问题（CTI）指标对使命效能度量的贡献为代表，开展体系贡献率计算。

4.7.3.4 体系贡献率评估

在完成体系概念模型的初始方案的基础上，还应对该方案进行贡献率评估，找出重点关注问题的体系贡献程度，并分析是否达到了设计初衷和体系贡献率平衡，然后进行体系概念建模优化、迭代。本书选取巡飞弹群与无人机群协同关键作战问题进行分析。

本书以火力封控和区域肃清作战任务为例，建立该问题的描述模型，通过仿真实验指标设计和数据分析，说明体系贡献率的层次化评估流程和方法。

（1）实验概述

以“察打一体无人机群＋无人车群＋巡飞弹群”为例对体系贡献率层次评估方法进行验证，具体作战流程如下。

先期侦察。3 架侦察无人机，从初始位置飞行到敌方区域，分别沿四边形外围进行区域侦查搜索。

通道封控。16 架察打一体无人机，在四方形区域飞行过程中，对关键目标进行打击，实施首轮通道封控作战。

补充侦察。在空中 16 架无人机搜索侦察的基础上，由 16 辆无人车分别靠前部署于敌方区域 1km 处进行抵近侦察。

无人机群、巡飞弹群协同打击。无人机群、无人车群回传目标详细信息后，由无人机群对区域内弱防护目标进行精确打击，巡飞弹群对敌导弹车、步战车的等防御较强目标进行打击。

（2）层次化指标体系构建

①使命目标层

使命目标是指执行一系列任务所期望达到的状态。在约束条件、作战任务和预期效果一定的前提下，本书重点关注体系配置变化对使命目标达成的影响，使用 MMOE（使命目标指标）指标来度量其变化程度。针对火力封控作战和区域肃清作战两类使命任务的作战使命目标，分别定义其 MMOE，如表 4. 12 所示。

表 4.12 MMOE 指标定义

	火力封控作战使命目标度量指标	区域肃清作战使命目标度量指标
指标名称	敌方威胁累计失效时间	区域肃清百分比
计算公式	$MMOE_1 = \dfrac{\left(\dfrac{\sum_{i=1}^{x}(T_n - T_i)}{x}\right)}{T_D}$	$MMOE_2 = \dfrac{\dfrac{X_i}{X_d}}{P_D}$
符号定义	设敌方共有 x 个目标，预期平均打击时间为 T_D，第 i 个敌方目标失效时间为 T_i，任务完成时间为 T_n	设区域肃清作战任务结束时打击目标数量为 X_i，区域敌方总目标数为 X_d，预期打击百分比为 P_D

②作战任务层

按照侦察、封控、纵深打击、定点清除的四个阶段，具体分析其衡量作战任务完成度的 TMOP（任务完成指标）指标及其下限值、目标值定义，此处略。

（3）实验变量设计

基于 QFD 方法对实验变量进行初步筛选。在体系能力分析过程中，根据能力分析模型以及数据和指标的处理分析结果，对 QFD 质量屋中的关系矩阵和相关矩阵进行计算，从使命目标—关键作战问题、关键作战问题—关键能力问题、关键能力问题—关键技术问题三个层次，分析得出系统功能需求相对重要性等级（从 0 到 9，重要性由低至高上升）。

表 4.13 使命目标—关键作战问题相对重要性等级

作战任务 / 使命目标需求	使命目标需求权重	侦察任务	通道封控任务	纵深打击任务	定点清除任务
火力封控作战	0.7	9	9	9	0
区域肃清作战	0.3	8	0	0	9
绝对重要性等级		6.54	6.3	6.3	2.7
相对重要性等级		0.30	0.29	0.29	0.12

表 4.14　关键作战问题—关键能力问题相对重要性等级

能力需求 作战任务需求	作战任务需求权重	机动投送能力	火力打击能力	指挥控制能力	信息支持能力
侦察任务	0.30	5	0	8	9
通道封控任务	0.29	9	9	8	8
中近程纵深打击任务	0.29	8	8	7	7
定点清除任务	0.12	0	8	7	7
绝对重要性等级		6.43	5.89	7.59	7.89
相对重要性等级		0.24	0.21	0.27	0.28

表 4.15　关键能力问题—关键技术问题相对重要性等级

技术需求 能力需求	作战能力需求权重	巡飞弹飞行速度	无人机飞行速度	巡飞弹毁伤概率	无人机毁伤概率	指挥通信系统态势更新周期	指挥通信系统决策时间	无人机群探测概率
机动投送能力	0.24		6	0	0	0	0	0
火力打击能力	0.21	2	2	8	6	1	2	3
指挥控制能力	0.27	0	0	0	0	3	7	0
信息支持能力	0.28	0	0	0	0	2	2	8
绝对重要性等级		2.34	1.86	1.68	1.26	1.58	2.87	2.87
相对重要性等级		0.16	0.13	0.12	0.09	0.1	0.2	0.2

如表 4.13、表 4.14、表 4.15 所示，根据三层次相对重要性等级分析结果，围绕相对重要性最高的 5 项技术指标，定义其上、下界，如表 4.16 所示：

采用拉丁超立方方法，设计一个样本数为150的仿真实验，以火力封控作战使命目标（以 $MMOE_1$ 度量）为例进行说明。根据 $MMOE_1$ 的大小将使命效能划分为5个层次，分别为很好、好、一般、差和很差。

表4.16　关键技术问题指标上下界约束

实验变量	下界	上界
无人机群探测概率（%）	0.01	0.2
巡飞弹毁伤概率（%）	0.3	0.8
巡飞弹飞行速度（m/s）	800	1000
无人机飞行速度（m/s）	400	600
指挥通信系统决策时间（s）	5	25

火力封控作战使命效能分为5个等级：

$$\text{效能} = \begin{cases} \text{很好}, MMOE_1 \geqslant 1.3 \\ \text{好}, 1.1 \leqslant MMOE_1 < 1.3 \\ \text{一般}, 0.9 \leqslant MMOE_1 < 1.1 \\ \text{差}, 0.7 \leqslant MMOE_1 < 0.9 \\ \text{很差}, MMOE_1 < 0.7 \end{cases}$$

（4）实验结果分析

根据150组仿真实验数据，进行5个实验变量的散点图绘制和归一化处理，结果如图4.13（全书最后一页彩图）、表4.17所示。

表4.17　各关键技术问题指标对 $MMOE_1$ 贡献率归一化结果

指标	贡献率
无人机群探测概率（%）	0.055
巡飞弹毁伤概率（%）	0.493
巡飞弹飞行速度（m/s）	0.023
无人机飞行速度（m/s）	0.005
指挥通信系统决策时间（s）	0.423

根据实验结果，分析各关键技术问题指标对 $MMOE_1$ 的贡献情况：

（1）在本案例背景下，实验研究的 5 个关键技术指标中，无人机群探测概率、巡飞弹飞行速度和无人机飞行速度对使命效能的影响较小，巡飞弹毁伤概率和指挥通信系统决策时间对使命效能的影响较大，$MMOE_1$ 随巡飞弹毁伤概率增加而提高，随指挥通信系统决策时间缩短而提高。

（2）毁伤概率对 $MMOE_1$ 的贡献最大，提升毁伤概率可以显著提升 $MMOE_1$ 。

4.7.4 结论

本小节提出了一种一体化作战体系概念建模与多层次评估研究方法。围绕“多集群智能协同体系作战”典型开发案例，开展了体系概念建模、指标体系构建和仿真实验评估等研究工作。研究结果表明，本书提出的建模与评估方法在实际开发中具备一定的可行性和有效性。在建模方面，实现了体系模型的可描述、可运行、可优化；在评估方面，既支持对体系实现任务目标的效果评估，也支持对体系达成使命任务过程中装备系统的贡献程度的度量。本书的研究方法可对体系概念模型阶段的设计、评估、优化等工作提供有价值的参考和借鉴。

4.8 位置测度视角下的科技投资项目绩效量化方法

随着军民融合国家战略的提出，国家站在发展战略全局高度，进一步把国防和军队建设融入经济社会发展体系。伴随国防建设领域投资来源日趋多元，过去军民两用科学技术、装备发展、基础建设等领域的分散管理，急需在国家战略发展的统一领导和规划管理下协调进行。对于关系到国家安全和国家利益的国防领域建设项目，各类投资如何在国家国防建设战略规划下统一进行规划和管理，是编制我国国民经济和社会发展“十四五”规划需要重点研究和统筹的问题。

现代管理学之父彼得·德鲁克说：“无量化，无管理；先量化，后决策。”量化（Measure），是进行一切规划管理活动的基础。量化之所以在管理和决策中占有如此重要的地位，是因为量化建立了客观世界、数据和信息三者之间的联系，为决策提供了基本的信息和数据支持。绩效作为重要的量化指标，自20世纪90年代开始逐步引入政府资产管理研究领域，一般是通过对政府投资产生的预期产出和预期效果进行客观的评价，以提高政府投资的管理水平和运行效益。为科学合理地进行预算绩效管理，国内学者在政府资产公共管理领域针对量化框架开展了相关研究，如王雍君在讨论绩效导向的政府资产管理中，将政府资产按照“总量—配置—运营”三个核心管理层级分别定义绩效指标。肖田野等对财政项目按照“绩效目标—方案决策—预算投入—过程管理—预期产出—预期效果”的评价思路，提出以经济性、效率性和有效性来量化由绩效目标到预期绩效的贡献回路。以上对于投资活动和投资项目的绩效量化框架，从宏观角度为政府投资绩效管理勾勒出了整体思路。

在国防建设领域，政府投资和社会投资的绩效评价尚缺乏清晰的战略指导框架。国际上，实行规划计划预算执行与绩效一体化的投资项目管理是通用做法，尤其以美国国防部实行的规划计划预算执行（PPBE）制度最具代表性。PPBE在资源配置方面采用战略目标和成本绩效相结合的投资策略，充分发挥预评估在投资项目规划环节中的引导作用，根据顶层战略规划文件（如国家安全战略、防务战略等）明确的国家安全、国防建设和军队各部门建设发展战略目标，对项目投资预算绩效进行预评价、预评估，减少部门利益争夺带来的重复建设和闲置浪费问题，最终形成目标任务、责任单位与资源安排相统一的绩效计划和国防预算申请。作为项目投资预算管理的核心系统，PPBE与国防采办系统（DAS）和联合能力集成与开发系统（JCIDS）共同构成美国国防采办领域三大支持系统。三大系统的协调控制机制衔接了国家战略发展规划、科技工业建设和国防预算编制与执行三个重要领域的建设发展，为投资项目预算绩效的预评估和预评价提供了长期稳定的参考框架。在此框架下，不论是政府投资，还是社会投资，都可以在统一的战略发展目标下开展投资项目预算绩效评估的预实践活动，可以有效减少资源浪费和降低投资风险，提高国防领域建设的投资效益。

本书立足于国防投资项目绩效量化问题，从位置测度的视角研究投资项目绩效量化的分析框架，以促进投资预算的分配优化。在第二部分，我们针对国防建设领域的投资项目绩效量化活动，提出投资项目绩效的“目标能力价值链”量化框架，解决在统一的战略目标指导下对投资项目预算绩效的量化和分析问题。目标能力价值链以“项目—体系—能力—目标”为基本框架，试图回答特定投资项目在整个价值链条中所处位置问题，为围绕绩效目标对特定投资项目的绩效进行评价提供参考。第三部分在建立投资项目位置测度的基础上，进一步围绕绩效目标展开投资项目的绩效量化和评估，为国防建设领域投资项目管理提供定性和定量决策参考。最后，讨论了在该框架下进一步展开研究的几点设想。

4.8.1 投资项目绩效“目标能力价值链”量化框架

“量化”一词在不同领域中有着不同的含义。在数学上，量化一般是通过定义一个测度空间实现的，一个测度空间上的测度是一个函数，它对一个给定集合的某些子集指定一个数，并且满足可数可加性和空集的测度为零。在管理学中，量化更多的是为了减少决策者做出决策时的不确定性，尤其是在经济和商业领域。美国应用信息经济学创始人道格拉斯在《数据化决策》一书中将量化定义为“在数量上减少不确定性的观测结果”，指出量化分析的核心是减少不确定性，而没有必要完全消除不确定性。一个能够说明这一概念的例子是在 2004 年他为美国海军研究办公室和海军陆战队预测伊拉克战场燃油需求量，在这个实际案例中，如果海军陆战队可以减少燃油需求的不确定性，那么就不需要储备过多的燃油。事实上，海军陆战队之前有一个对燃油消耗进行预测的简单模型，但是预测的准确度和精度不是很高。通过对量化模型的调整、细化和一系列道路油耗实验，作者发现在影响燃油消耗的变量中，不确定性最高的是路况，而路况所导致的不确定性在预测模型中引起的误差完全可以通过恰当的提前计划而避免，这大大减少了预测模型的误差，从而成功地为美国海军陆战队节约了5000多万美元的燃油费。

与经济和商业领域中的量化相比，社会领域的量化问题显得更为棘手，常常令人无从下手。在经济和商业领域，量化指标或测度通常以绩效、效益、风险等基本概念为基础进行构建。而社会领域的量化问题则更加多元，例如，政府政策对公共服务的影响、公众服务的质量、政府在公众中形象等等。这些“无形之物”在人们眼里可能是无法量化和测度的，而其中重要的原因是所研究的问题，或者说决策者关心的问题缺乏清晰而明确的定义。通常，可供选择的量化方法和测度很多，问题在于如何确定恰当的量化方法和测度，以满足决策者的需要。基于此，Robert 和 Collier 从更为一般的角度对测度进行了定义，他们认为，测度可以从概念到观测资料之间的联系来解释。具体来说，概念和观测资料之间的联系可以概括为四个层次：第一层次是最广义的所谓背景概念（Background Concept），它包括与特定概念相联系的纷繁复杂的概念群；第二层次为系统化概念（Systematized Concept），即被特定研究者或研究群体接纳的某概念的系统和明确的界定；第三层次为关键绩效指标（Indicators），即包含系统的评价步骤，范围可以从简单的量度标准到复杂的综合性指标体系，它不仅包括各种量化指标，也涵盖定性分析所广泛使用的分类指标；第四层次即实例的赋分过程，包括数值得分和定性分类结果。

根据 Robert 和 Collier 的定义，从第一层次到第二层次被称为概念化（Conceptualization），即根据研究目标，通过对背景概念的系列推论得到系统化概念的过程。从第二层次到第三层次被称为操作化（Operationalization)，指在系统化概念的基础上，构建一个或多个指标以便于对实例进行赋值和分类。从第三层次到第四层次被称为实例评分（Scoring cases)，即利用构建的指标对所研究的案例进行评分。按照这样的划分，可将从第二层次到第四层次各步骤的交互作用称为测度。道格拉斯在《数据化决策》一书中将这一过程描述为澄清链，澄清链就是“把某物想象为无形之物再到有形之物的一系列短的链接过程”。具体来说，如果 X 是我们关心的某种事物，那么根据定义，X 必须可通过某种方法来感知；如果这个事物可以感知，那必然能估计到某些数值。澄清链建立了从背景概念到系统化概念，再到关键绩效指标之间的联系，而一旦建立了适当的关键绩效指标，剩下的量化工作无非是从各种赋分方案中选择最适合的方案。由此看来，建立起规划建设决策的系统化概念是建立项目建设方案测度化理论的核心问题。由于国防建设领域涵盖的背景概念浩瀚纷杂，必须对背景概念进行恰当的定义和归类，从而在其中做出选择以形成系统化概念。

建立政府投资项目绩效评估的系统化概念旨在勾勒出政府投资绩效管理的整体思路。本书提出以目标能力价值链（项目—体系—能力—目标）为投资项目绩效的量化框架，目的是建立由绩效导向的价值生成网络及其服务供应链体系，从而能够系统化地回答特定投资项目在整个价值链条中处于什么位置，以及如何围绕绩效目标对特定投资项目的绩效进行评价。“价值链”概念由迈克尔·波特在 1985 年提出，波特认为企业要发展独特的竞争优势，就要为其商品及服务创造更高的附加价值，所采用的商业策略是将企业的经营模式（流程）进行解构，形成一系列的增值过程，而这一连串的增值流程就是“价值链”。价值链分析方法从价值链概念出发，运用系统性方法来考察企业各项活动和相互关系，通过企业内部和外部供应商之间的协调和控制寻求竞争优势。价值链研究的重点是价值链节点之间的依赖关系，它将企业庞杂的行为归类为一系列提供增值效果的过程，增值过程又以创造更高附件价值的商品及服务为最终目标，从而建立了企业活动与战略目标的关联。

4.8.1.1 目标—能力层

在“目标—能力”这一层，研究重点是建立政府投资对国家战略规划的关联。项目建设目标与顶层战略规划息息相关，战略规划的决策指导着项目建设的方向和规模，并为项目建设的绩效评估提供重要参考依据，是项目建设的总要求和总目标。考虑到国防建设领域的特殊性，在目标能力价值链中，不同的战略方向有着不同的建设目标，而且在不同时期，各个战略方向发展的重要程度会根据内部和外部形势发生变化。例如，美国《国家安全战略报告（NDS)》是阐述美国政府在内政、外交和防务等方面的总体目标和宏观政策的重要文件，近三十年来，美国政府共向国会提交了16份报告，对国际安全环境、特别是美国面临的威胁定期作出判断。美国2018年版《国家安全战略报告》明确了11项国防战略目标，包括保卫本土免遭袭击、在全球和关键地区保持联合部队的军事优势、慑止对手侵犯美国重大利益等。

军事能力建设是国家安全战略规划的重要内容，是实现国防战略目标的集中表现形式。例如，美国2018年版《国家安全战略报告》明确其总的战略目标是建立一支更具杀伤力的联合部队，对任何可能的冲突都具有决定性的优势，同时在所有冲突中保持竞争优势，以支持战略目标的达成，为此NDS定义了包括核力量、空间赛博领域、C4ISR、导弹防御、联合作战在内的共8项关键能力。关于“能力”的定义，美军参联会联合出版物JP1－02界定为“执行一项指定行动的能力”；美国国防部CJCSI 3170.01G指令对能力的定义是“在指定的标准和条件下，通过多种方法和手段的组合执行一系列任务完成指定的作战行动，以达到某种预期效果的能力”。简单来说，“能力”定义了实现国家战略目标所需达到的具体目标，是对国家战略目标的进一步细化和具化。美军按作战能力领域，定义了联合能力领域（Joint Capability Area，JCA），用于对军种需求论证工作实行集中统一管理，包括能力评估、战略制定、投资决策、能力组合管理、基于能力的部队建设和作战规划。联合能力领域包括一级能力和二级能力两个层级。根据能力属性，一级能力需求包括 9 个领域，分别是军事力量保障、战场空间感知、军事力量运用、后勤、指挥与控制、网络中心战、防护、共建伙伴关系和综合管理与保障。9 个宏观层面能力进一步细分，得到二级能力需求，用于指导各军种装备的平衡发展。明确的能力需求促进了各军种联合作战能力的生成，有效避免了军种各自为战、重复建设而导致的冗余和浪费问题。

在介绍本书所提出的位置测度框架之前，有必要对能力相关的几个概念进行解释，这些概念包括预期效果、手段和方法、行动以及战术环境。

预期效果代表了实现相关战略或作战目标所需达成的条件。

手段和方法是一系列相互作用并组成体系的系统，包括作战条令、组织、训练、装备、领导与教育、人事、设施和政策（DOTMLPF），是美军 JCIDS 中定义的形成作战能力的基本要素，本书使用“战力生成基元”表示类似概念。

行动（Course Of Action，COA）是一个广义上的概念，包括军事活动和非军事活动。在军事上，“COA”经常用于描述不同层级所采用的行动纲要，包括战区战略层次到特定单位的活动，如旅级或营级的 COA 有着不同执行过程。COA 包括：某人或某单位需要遵循的活动顺序，某种可能完成任务或与完成任务相关的活动方案，为完成任务而采用的行动计划，交战过程的行为准则，联合作战规划与执行系统概念开发阶段的产品。

战术环境包括许多与作战相关的细节，如任务的预期效果、所需的能力、战术和交战规则、要执行的任务为支持所需效果而对每个任务执行的性能和度量。

预期效果、手段和方法、行动以及战术环境共同构成了定义和描述能力的语境。

4.8.1.2 体系—项目层

体系在目标能力价值链中有着非常重要的地位，也是国防建设领域明显区别于国民经济和社会领域的显著特征之一。现代军事对抗，尤其是大国之间的军事对抗，体系建设水平显得尤为重要。任何军事力量都必须纳入一个完整的体系进行运用，同时体系的运行也依赖于体系内部各个环节的正常运转，体系建设水平越高，越能发挥出“整体大于局部之和”的体系涌现效应。一个完整的体系一般包括战场感知、兵力运用、指挥控制、基础设施和后勤保障等方面，每个方面都是构成一个完整体系必不可少的要素，这里我们将其称为能力聚合单元。由于能力聚合单元可以由不同的规建项目来实现，因此存在一个由项目组成体系的组合和优化问题，即在体系这一层级，我们将进行投资组合的分析和优化。而在体系下一级，在项目层级，将主要进行成本、性能和风险的分析和来考虑。在体系上一级，在目标能力层级，将通过一个交换矩阵匹配体系与能力和目标，在特定的战略目标下，考虑应具备什么样的能力，然后分析体系备选方案在特定的威胁和条件下，是否能够满足这一能力需求。评估的指标可以采用有效性，或战略目标吻合度和能力需求满足度来评估。能力聚合单元是整个目标能力价值链中衔接的重要一环，由于国防建设领域的特殊性，体系具备独有的一些特点，因此需要详细解释下体系的概念。

在过去的十年中，针对体系的系统工程已成为全球对国防越来越感兴趣的话题。大多数军事任务都依赖于系统集成作为体系有效的协同工作来提供所需的用户能力。尽管国防采办通常以单独的系统进行，但要想有效发挥作用，就需要对其进行工程设计，使其成为大型体系的一部分。在许多情况下，系统最初不是为特定的体系设计的，可能支持多个体系完成多种任务，并且由具有各自目标的组织拥有和运营。《美国国防采购指南》中将体系定义为“将独立且有用的系统集成到提供独特功能的较大系统中时产生的系统集合或布置”。体系工程是“计划、分析、组织和集成现有系统和新系统的功能，以使将系统组成的能力大于各组成部分总和的过程”。

考虑到体系的重要性，我们将国防投资项目按照其所提供的服务类型纳入体系中进行位置匹配。体系和项目具有关联性，并且其关联关系的复杂性随着研究范围的扩大将呈指数规模不断增加。这种复杂性体现在项目规划过程中，项目建设目标和预期效益存在多对多的映射关系。具体来说，投资项目提出时，项目建设目标往往聚焦于某一特定领域，但在项目实际应用过程中，所产生的作用和效益又不局限于某一特定的应用领域。因此，如果不能在项目规划早期建立国防建设领域投资项目的总体视图，必然在预算投向投量上难以做出科学判断和决策，从而带来国家资产的重复投入和资源浪费。

因此，弄清建设项目与能力需求之间的依赖关系，建立建设项目规划与军事能力的关联关系，是体系—项目层要重点研究解决的问题。在此方面，Donald Lowe 等提出的 SCMILE 服务框架（SCMILE Service Frameworks，SSF），是一种有效的建模和分析军事能力系统之间的关系和依赖关系的方法。SCMILE 通过服务交换模型分析实体之间的交互关系，即将实体之间的交互关系描述为服务，服务是两个实体之间的关系，一个实体称为提供者，另一个实体称为消费者，服务由提供者创建并提供，然后由消费者使用。根据在军事领域的问题特点，SSF 将服务分为六大类：传感、命令和控制、物理移动性、信息移动性、后勤和支持、交战。将项目之间的依赖关系用服务来描述有以下好处：

（1）明确了项目之间的关系；

（2）将重点从具体建设内容和资产上移开；

（3）可以将项目建设与能力需求联系起来；

（4）可以通过重新安排项目对能力需求进行解构，并以不同的（预期更好的）实现方式来重构它。

研究表明，SCMILE 服务框架具有很好的通用性，经过扩展还可以应用于非军事领域。使用 SCMILE 服务框架的好处还在于它的可伸缩性和分形性，实现类似于数据管理中的“上卷”和“下钻”操作。这种特性有助于对投资项目的位置测度进行不同粒度的匹配，可以比较容易地建立起项目—项目群、系统—子体系—体系的服务支持框架。SCMILE 服务框架还支持对系统之间依赖关系的定量化描述，考虑一个由五种服务能力 V，W，X，Y 和 Z 组成的体系。将这五种服务能力放入交换矩阵中，如图 4.14 所示，假设我们仅考察五种服务之间的 Sensing 依赖关系。首先，由领域专家从 V 作为消费者的角度，考察其他四种服务是否为 V 提供了 Sensing 服务，并根据提供服务的强度填入适当的数值，例如，可采用 0 ~3 计量表来表示所提供服务的强度，3 代表提供了核心服务，2 代表提供了关键服务，1 代表提供了适当的服务，而 0 则代表没有提供任何有效服务。接着，依次补全矩阵中相应的行和列，构成最终的服务交换矩阵。通过这种方法，一个由大量服务能力组成的体系内部关系可以由六大类服务的交换矩阵进行定量的描述，使位置测度的定量化成为可能。

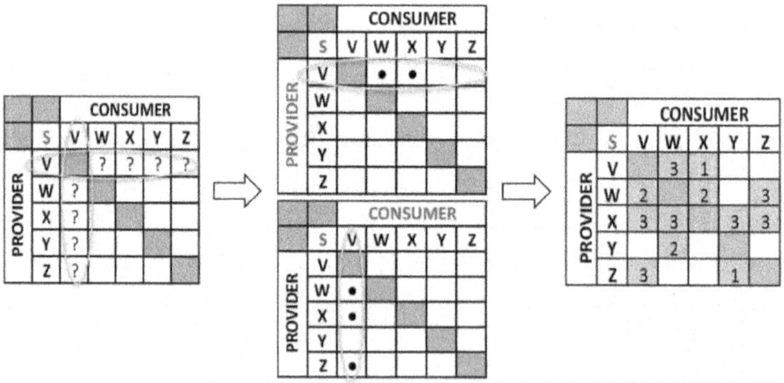

图 4.14　SCMILE 交换矩阵构建示意图

在体系—项目层，我们以战场感知、兵力运用、指挥控制、基础设施和后勤保障组成的能力聚合单元及 SCMILE 服务框架构建了国防投资项目绩效“目标能力价值链”的量化框架。

4.8.1.3 投资项目位置测度模型

至此，我们已经为项目位置测度问题建立了基本概念框架。在目标—能力层，以国防战略目标、关键能力定义了项目的绩效目标，在体系—项目层，以战场感知、兵力运用、指挥控制、基础设施和后勤保障组成的能力聚合单元及 SCMILE 服务框架定义了项目的位置属性。下面，从投资项目的宏观和微观两个角度，阐述基于以上框架的位置测度模型。

项目的宏观位置是指投资项目在绩效导向的目标能力价值链中所处的位置，微观位置则是根据投资项目所提供服务的类型，确定其在若干杀伤链中所处的位置，作为投资项目投向投量的决策依据。美军 JCIDS 中使用能力任务栅格（CML）提供了一个集成结构，既可以确定能力需求及其相关的差距，也可以回顾和评估能力需求组合。这里我们参考其基本结构，将投资项目位置的宏观测度和微观测度结合在一起，最终形成的目标能力价值链下的项目位置测度，如图 4.15 所示。

图 4.15 由十个互相映射的部分组成：

（1）底部的战力生成基元是提供能力解决方案所采用的形式（装备要素或非装备要素），例如研发新的飞机，或在现有系统上增加新的软件或新的训练方法。

（2）左下角的资源与投资是为开发和维护能力解决方案所需的预算。

（3）中间的能力聚合单元是兵力和能力组合管理，它将各类投资项目按照联合能力域进行归类汇总，提供成体系的产品组合管理。

（4）左侧中间的兵力结构是运用和维护各类资源的组织要素。

（5）左上方的核心能力按照任务类别对任务、计划和作战要素进行归类汇总，是能力的高级定义。

（6）右上方的威胁与环境属于外在因素，它们会影响需求空间。

（7）顶部的战略规划与战略方向是国家战略指导总体能力要求的组

合，例如国家安全战略、国防战略、国家军事战略等。

（8）上方交叉线代表联合任务清单，它通过分层的任务列表（从左侧分解得到）建立同威胁与环境要素相匹配的任务清单，并通过在给定威胁条件下达到要求结果所需的性能水平来量化任务。

（9）左中交叉线代表兵力管理，它向指挥官提供必要的部队以支持指派的任务。

（10）中间部分下方的交叉线标识了所需能力与可用解决方案组合之间的数量或质量差距，根据差距确定可能需要投资的领域，我们用项目—项目群填充这些需要投资的领域，从而给出了投资项目所处的位置。

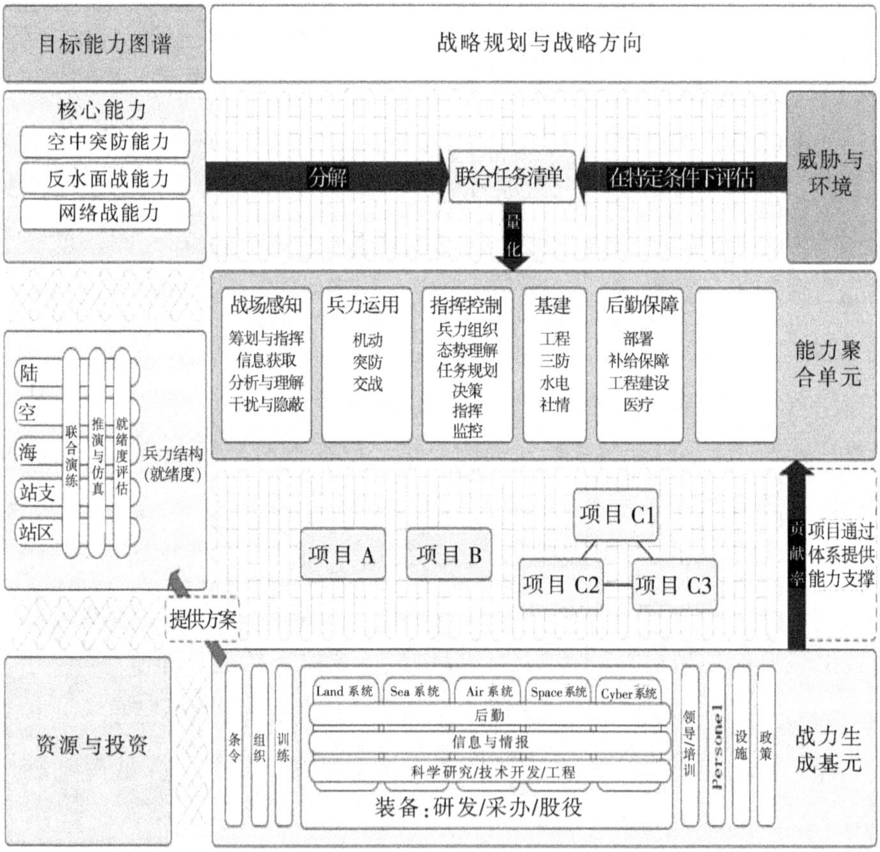

图 4.18　能力任务栅格

4.8.2 基于“目标能力价值链”的绩效量化分析与决策过程

“目标能力价值链”量化框架建立了对国防建设领域投资项目绩效进行评价的系统化概念，为提出投资项目位置测度模型提供了基础。在介绍投资项目位置测度模型之前，本节先讨论在“目标能力价值链”下如何对项目绩效进行量化和测度的问题。建立投资项目绩效的测度即前文所指的操作化，需要研究该框架下各层概念如何进行量化分析和评估。

4.8.2.1 核心能力发展水平评估

首先，我们将“目标”定义为在国家安全战略中明确的关键能力应达到的程度，用力量对比进行量化。力量对比记分卡是一种对力量对比进行分析和量化的工具，通过使用颜色编码来简单地刻画关键能力双方对比的优劣势程度。以《中美军事平衡记分卡》为例，该报告中记分卡以 5 种颜色区别力量对比的优劣程度，分别代表重大优势、优势、势均力敌、劣势和重大劣势。记分卡可以采用定性和定量分析的方法进行打分，在条件允许的情况下，定量分析可以以仿真推演的形式进行，如果数据来源不够充分，或者计算模型难以准确建立，也可以通过定性的分析给出评估结果。力量对比记分卡建立了对核心能力发展水平的基本认识，从而可以基于评估结论制定下一步的发展规划战略。

4.8.2.2 发展规划目标制定

摸清国防建设发展当前时态的基本情况，可以据此进一步明确未来发展规划的策略和目标，为国防建设领域投资项目绩效评价提供顶层指导。这种思想与企业在考虑制定发展战略方向时非常相似，因此，我们提出在目标—能力层采用 SWOT 分析方法确定发展规划的策略和目标。作为企业分析确定战略发展规划中一种常用的决策方法和工具，SWOT

分析从四个方面分析考虑自身和外部竞争环境，包括优势（Strength）、劣势（Weakness）、机会（Opportunity）和威胁（Threat），从而将发展战略与内部资源、外部环境有机结合，帮助确定资源优势和缺陷，了解所面临的机会和挑战，从而制定未来发展战略。SWOT 分析首先定义项目或业务活动的战略目标，并确定对实现该目标至关重要的内部和外部因素。优势和劣势定义内部环境因素，机遇和威胁定义外部环境因素。战略矩阵是将内部要素与外部环境结合分析的工具，通过将优势、劣势与机会、威胁对应进行分割，得出应对环境变化的四种不同类型的战略选择组合。

4.8.2.3 投资项目位置匹配

位置测度模型提供了一种领域多源异构关联知识的规范化结构，可以进一步将项目知识以更易于计算机处理的形式进行操作，在此基础上实现投资项目位置测度的自动匹配。投资项目位置匹配可以按照两个维度进行，即战力生成基元维度和能力聚合单元维度，这样做主要是考虑到项目的提出和项目的应用一般是按照不同维度进行归类。在投资项目提出时，通常是根据投资项目所对应的战力生成基元维度进行的，这类归类方法便于对项目申报工作进行高效管理，但是，在考虑投资项目绩效时，又必须从应用领域出发对投资项目进行重新汇总，以便于开展后续的投资项目绩效评估。因此，投资项目的位置匹配主要是将投资项目由战力生成基元映射到能力聚合单元以构成体系，从而进一步实现对投资项目的绩效进行分析和评估。

4.8.2.4 投资项目绩效评分

体系在军事对抗中扮演了重要的角色，但是要使体系发挥作用，还必须构成有效的、闭合的回路，即“杀伤链”（Kill Chain）。一般意义上的杀伤链包括三个步骤：第一步是了解正在发生的事情，第二步是决定要做什么，第三步是采取能产生效果的行动以达到目的。例如，以美军时敏目标杀伤链为例，其任务规划与部队执行的过程包括分为搜索、锁定、跟踪、指示、交战和评估六个环节。杀伤链的一个重要特征是位于杀伤链上的各个环节必须共同发挥作用，整个杀伤链的优劣程度往往取决于链路上最薄弱环节的强度。因此，可以对每种杀伤链的组成环节逐一进行评价和评分，然后统计链路上的最低得分作为整个杀伤链优劣度的最终得分，根据得分确定强势链路和弱势链路。

杀伤链与所面临的作战环境具有固有的联系，可以根据杀伤链所处战术环境对其进行评估。具体包括以下几个步骤：（1）确定感兴趣的武器目标并确定优先级；（2）建立杀伤链和战术环境；（3）制定评分标准；（4）计算杀伤链得分；（5）进行综合的杀伤链评估并报告评估结果。战术环境包含评估中必须考虑的几个重要因素，为杀伤链评分提供了必要环境。“作战能力基线”方法的评分标准定义了系统必须执行的操作（或提供的服务）。首先，由负责杀伤链评分的专家决定是否有足够的数据进行评分，在某些情况下，需要使用经过认可的仿真数据来补充测试结果。接着，选择适当的测试数据和评分标准对杀伤链执行各个任务的关键指标进行评分，由关键指标中的最低分数决定给定杀伤链中对应系统的总体评分。可使用评分量表的形式对杀伤链进行评价，评分量表使用颜色编码代表评价分数，绿色代表系统可提供该战术环境下所需的全部功能，黄色代表在该战术环境下系统提供了部分或降级的功能，红色代表系统无法提供战术环境所要求的最低功能。

在确定杀伤链的“基线方案”评分后，可以根据投资项目的组合生成新的杀伤链方案，由此生成投资组合集。投资组合集是由若干投资项目组合而成的投资组合选项的集合，对于不同投资组合选项，分析它所构成的新的杀伤链对比“基线方案”可以有多大的提升，在考虑成本和风险因素的基础上对投资项目进行筛选。

4.8.2.5 项目投资组合决策

在杀伤链的“基线方案”评分标准建立后，根据申请的投资项目进行匹配组合，以生成新的杀伤链方案。生成投资项目组合称为投资组合选项，它们构成了项目投资组合决策的备选集。对于不同投资组合选项，分析它所构成的新的杀伤链对比“基线方案”可以有多大的提升。不同投资组合选项所需的成本和风险可能会有很大差别，因此需要进行额外的分析来确定最优的投资组合选项。投资组合选项的优化问题采用经济领域常用的投资组合方法，投资组合方法通过分析投资项目的绩效、成本和风险要素来确定优化的投资方案。

项目的成本是指项目形成全过程所耗用的各种费用的总和，是项目从启动、计划、实施、控制，到项目交付收尾的整个过程中所有的费用支出。成本通常包括项目承包商在项目研发过程中产生的所有可计费和不可计费的费用或支出，这些成本包括直接成本和间接成本。直接成本进一步细分为材料、人工和其他直接成本。材料成本是与制造产品所需的材料直接相关的成本，包括制造、组装完成产品所需的原材料，购买的零件和分包项目。同样，人工成本包括工程、制造、材料处理、管理以及与生产最终产品或服务直接相关的其他类型的劳动力服务。间接成本通常与不同项目共用的服务或费用相关，因此由多个项目共同承担。

项目研发通常经历三个采购阶段：技术开发，工程和制造开发以及生产和部署。此外，某些类型的项目产品的运维成本远超于采购成本，与采购成本一起构成了项目的全生命周期成本，其中运维成本甚至能达到全生命周期成本的70%以上。因此，确定项目全生命周期的成本通常在确定项目投资决策方面起着更为重要的作用。举例来说，一个项目投资方案计划以新型技术取代传统的驱逐舰设计，常规技术和传统概念的设计可能会大大降低设计和采购的成本，但会大大增加运营成本。相反，采用新型设计的技术可以减少油耗和使用操作人数需求，因此可能会比常规设计花费更多的海军设计和采购费用，但显著减少操作和维护成本。全生命周期成本方面的考虑通常会使国防建设朝着新的和现代的设计方向发展，由此带来的可能是项目研发和部署的风险增大。

项目风险是指可能导致项目损失的不确定性。风险是“衡量在确定的成本、进度和绩效约束范围内实现计划绩效目标和目标的未来不确定性的一种度量”，即风险由项目中风险项的概率和结果组成。项目风险管理的内容通常包括项目风险管理计划、风险识别、定性风险分析、定量风险分析、风险应对计划和风险监督与控制。在执行过程中，项目风险管理可以简化为风险识别、风险度量、制定应对措施和风险监控四个步骤过程。项目的风险管理是一个动态的工作过程，在这个过程中项目风险的各项作业是相互交叉、互相重叠开展和进行的。项目风险识别是项目风险管理的重要环节。若不能准确地识别项目面临的所有潜在风险，就会失去处理这些风险的最佳时机。

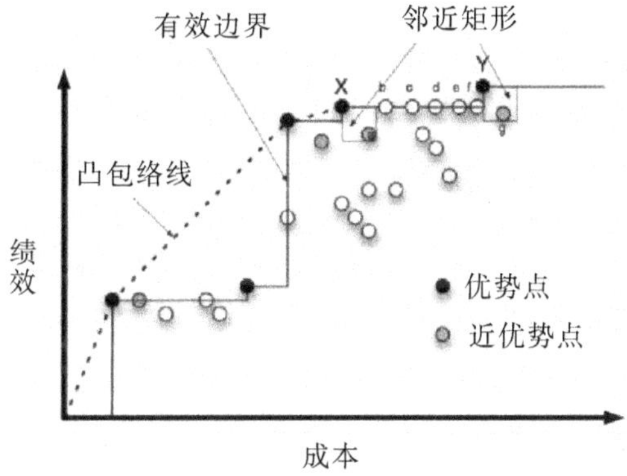

图 4.16　投资组合选项绩效 - 成本曲线的“有效边界”

在确定投资组合选项的绩效、成本和风险要素后，可以通过绘制绩效 - 成本曲线来寻找不同组合情况下具有最优效费比的投资选项，如图 4.16 所示。每个投资选项对应于“绩效 - 成本”坐标系下的一个点，这些点的“前缘”形成一条包络线，称为“有效边界”。在不同的成本约束条件下，位于有效边界上的点具有最大的效能值，属于效费比的“优势点”。除了优势点，那些靠近有效边界的点也需要考虑，称为“近优势点”。因为在某些情况下，如调整绩效计算的公式后，这些点的效费比可能优于优势点。可以在有效边界点的右侧和下方绘制一个矩形，对该矩形的尺寸定义一个接近度标准，然后确定近优势点。优势点和近优势点对应的投资方案将被采纳。

4.9 面向组织能力生成的科技战略评估方法

兵力组织结构，不仅规范了兵力组织内部的指控关系，还确定了基本兵力组织单元的编制、运行模式，因此其不仅决定了作战运用的基本框架，还是国防采办的重要基础。国内外围绕兵力组合结构优化方法开展了广泛研究，如美国战略与预算评估中心（CSIS）发布《锐化美国未来的军事力量》，提出美军新的兵力规划结构和军种概念应该服务于如何更好形成美军的能力、力量建设目标，形成良好态势。美国海军 2019 年提出未来 30 年的造船计划是根据战力评估结论、30 年造船计划的负担能力、舰艇成本增长潜力、资金需求评估、通货膨胀处理等确定造船计划的数量。申卯兴等提出了面向作战任务的兵力规划系统分析方法，主要研究流程包括作战企图分析、作战任务分析、武器装备完成作战任务的能力评估、兵力需求分析的决策理论、兵力分配的决策理论等。郭齐胜等在《装备需求论证理论与方法》对作战能力差距进行了装备因素分析，指出了军事理论、组织编制、训练水平、指挥关系、教育质量、人员、设施和相关政策等非装备因素的能力差异。这些研究对于国内开展面向能力生成的兵力结构设计理论和实践都起到了一定的推动作用。总的来说，实施需求牵引的能力生成模式更具备解决能力差距、能力冗余和能力发展的实际问题，故而能力生成必须依靠建立科学的需求生成程序和方法，提高需求生成机制的科学性，从整个体系运行角度进行思考、开发、设计。

针对此问题，本书尝试从能力需求来源开始，经过能力需求分析、资源能力建模、兵力结构设计等环节，构建一体化闭环研究方法，旨在为兵力结构规划论证领域提供理论探索和手段支持，如图 4. 17 所示。

一是作战环境分析。主要是根据预测的未来面临的新挑战，分析未来的任务变化，从而生成能力需求来源。

二是能力需求分析。基于未来任务变化，基于现有兵力现状，根据能力差距分析方法提出所需开发能力，然后进行面向能力的作战概念开发，最终提出解决方案。

三是资源能力建模。构建资源能力框架，然后基于资源能力规则库分析从而构建资源能力模型。

四是兵力结构设计。选取未来典型对抗场景类型和典型对抗场景，经过效费比和贡献率等设计分析，找出平衡且可负担的兵力体系结构。

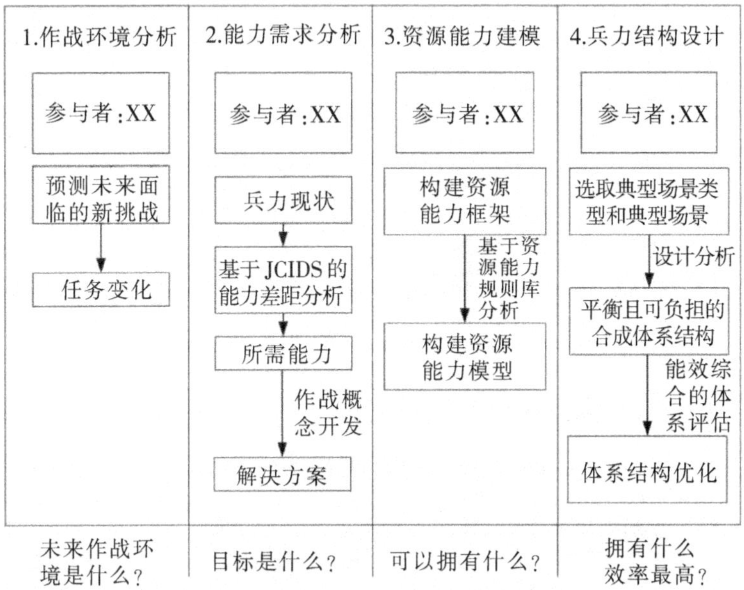

图 4. 17　面向能力生成的兵力结构运行流程图

4.9.1 作战环境分析

作战环境分析是根据预测的未来面临的新挑战，分析未来的任务变化，从而生成能力需求来源。

（1）环境威胁分析

根据预测的未来面临的新挑战，分析未来的任务变化，从而生成能力需求来源。例如美国发布《联合作战环境 2035》中列举六大挑战：暴力的意识形态竞争、对美国主权与领土的威胁、对抗性的地缘政治平衡、对全球公域的扰乱、赛博空间对抗、区域秩序破坏与重建。

（2）基于作战网评估（ONA）的作战任务分析

作战网评估是使用多种信息资源整合人员、过程和工具，同时协作分析以求建立敌情、我情、战场环境的共同认知。通过综合分析敌我双方的经济、军事、政治、社会、信息、设施网络分析，找出薄弱环节，进行作战任务分析，如图 4.18 所示。

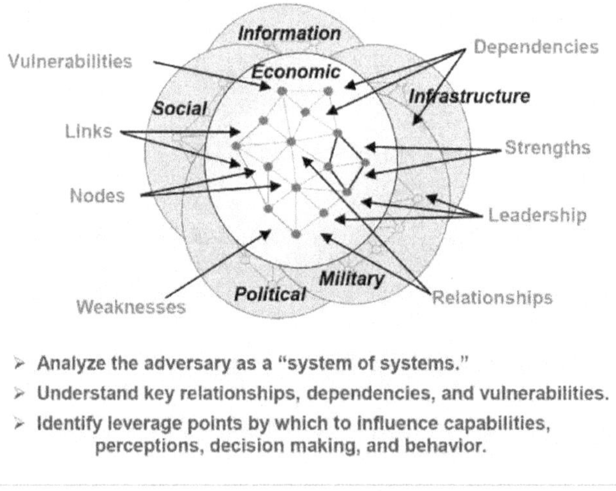

图 4.18　作战网评估示意图

（3）确定任务

根据环境威胁分析和作战网评估分析结论，提出任务列表。如《联合作战环境2035》中确认了四项任务：塑造或控制、阻止或拒止、扰乱或功能降级、迫使屈服或摧毁。

4.9.2 能力需求分析

基于美军的联合能力集成开发系统（JCIDS），能力需求分析主要分为四步：一是作战概念开发；二是功能领域分析（FAA）；三是功能需求分析；四是功能解决方案分析。如图4.19所示。

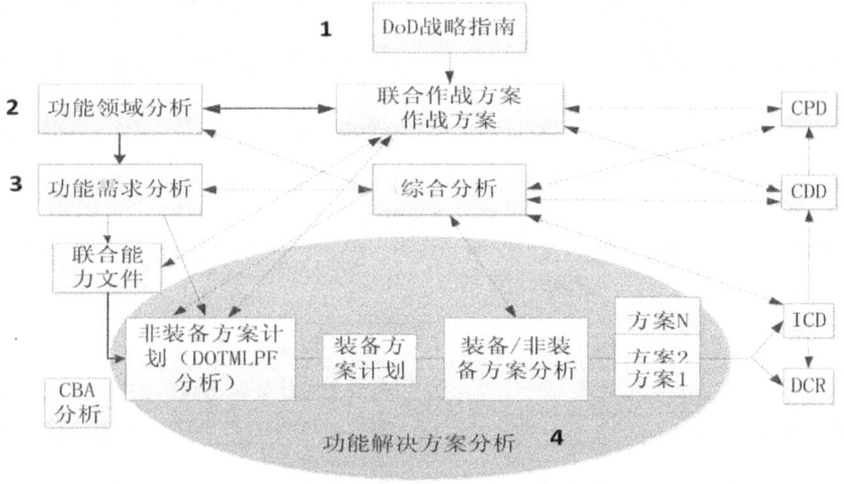

图4.19　联合能力开发集成系统流程图

4.9.2.1 作战概念开发

作战概念开发包括作战概念生成、确定作战活动、作战概念建模和推演验证。

（1）作战概念生成

一是作战概念提出。从威胁出发，经过国家战略分析、军事战略分析、战区战略分析得出作战概念新需求。

二是作战概念的描述。如图4.20和表4.18所示，作战概念描述重点要回答“5W1H”问题（How、Who、Where、Why、When、What）。

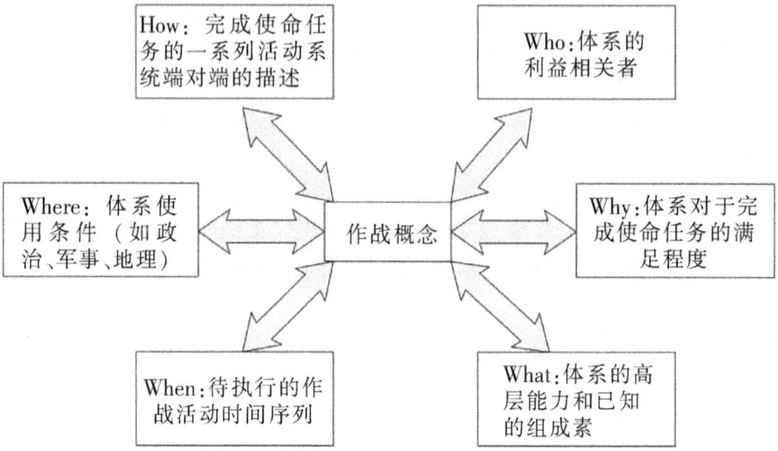

图4.20 作战概念描述图

表4.18 作战概念描述表

问题项目	问题内容	“多无人集群空地一体战”作战概念案例
Who	体系/系统的利益相关者是谁	H方某战区
Why	体系对于完成使命任务的满足程度	对于遂行某防御任务的满足度能够提升到90%
What	体系/系统的高层能力和已知的要素是什么	已知要素：无人机群、无人车群、巡飞弹群 高层能力：复杂环境适应能力、协同突防能力、协同侦察能力、协同打击能力
When	待执行的作战活动时间序列是什么	先期侦察、全域侦察、协同打击、纵深打击、定点清除的作战顺序
Where	体系使用条件（政治、军事、地理）	L方军事入侵，且政治外交等解决方案都无法奏效，且H方军事力量遭受攻击情况下
How	完成使命任务的一系列活动、系统端对端的描述。	略

(2)确定作战活动

基于作战网络评估(ONA)方法进行作战活动分析,主要包括四步,如图4.21所示。

步骤一:基于作战效果,提出战役目标和战略目标。

步骤二:将节点链接到在效果开发子流程中衍生出的特定效果上,建立效果-节点(E-N)的联系。

步骤三:后续步骤结合了针对特定关键节点可以采取的潜在外交信息军事经济(DIME)活动,以产生预期的效果,同时考虑对每个效果—节点—活动(E-N-A)链接带来的次要和意外影响。

步骤四:开发效果-节点-行动-资源(E-N-A-R)链接的最后一步是将资源与每个效果-节点-行动组合相关联。该过程的结果是一个预先分析的选项范围,以实现潜在的效果。

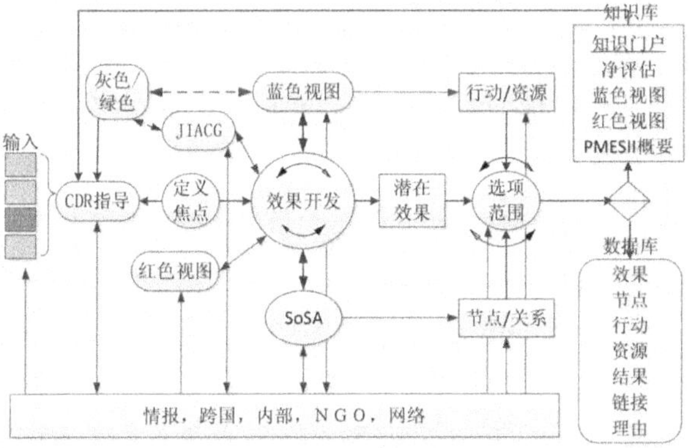

图4.21 作战网络评估流程图

(3)作战概念建模

①基于活动方法论的三角关系建模

采用DODAF视图,按照作战活动三角关系建模—系统三角关系建模—组织三角关系建模的顺序,刻画作战概念流程和内部活动、系统、组织之间的关系。共分为七步,如图4.22所示。

第一步:作战概念概述及编写集成词典。主要产品视图包括AV-1、

AV－2、OV－1视图。

第二步：建立作战节点、角色、活动三角模型。主要产品视图包括OV－2、OV－4、OV－5视图。

第三步：建立组织关系图表、系统功能描述的映射，从而获取正确的系统功能。主要产品视图包括SV－4、SV－5a、SV－6视图。

第四步：进行系统接口、系统通信描述，找出系统之间的交互关系和通信关系，构建系统节点、角色、活动三角模型，将系统三角关系模型。主要视图产品包括SV－1、SV－2、SV－7视图。

第五步：过程建模分析，在对作战活动和系统建模分析后，还需对运行过程进行建模分析。主要产品视图包括SV－3、SV－10c视图。

第六步：作战执行组织（即组控架构）在基于作战活动出发的业务流程模型和标记法（BPMN）和基于系统的事件追踪描述（SV－10c）和系统接口描述（SV－1）下，进行业务流程建模。

第七步：对于业务流程（BPM）模型的功能和逻辑进行检验，如果满足要求，则输出可执行架构。

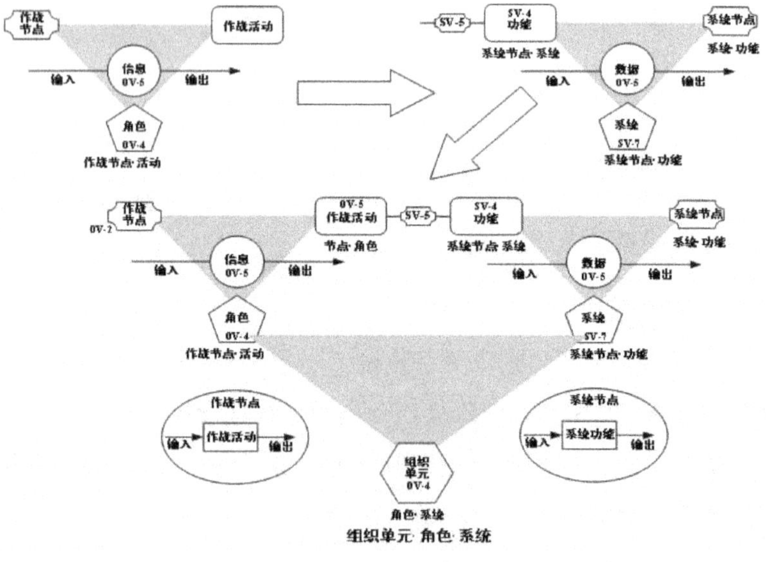

图4.22　基于活动的方法论流程图

②基于联合任务路径（JMT）的使命任务分解。

基于联合任务路径和能力试验方法（CTM）的指标分解和指标体系构建。第一层指标分解是基于使命描述—活动节点—使命活动—使命属性—使命效能指标，最终得到使命层效能指标。第二层是基于使命描述—活动节点—使命活动—作战活动—任务属性—任务性能指标，最终得到任务层性能指标。如果是网络化作战，还能分解得到网络使能指标，如图 4. 23 所示。

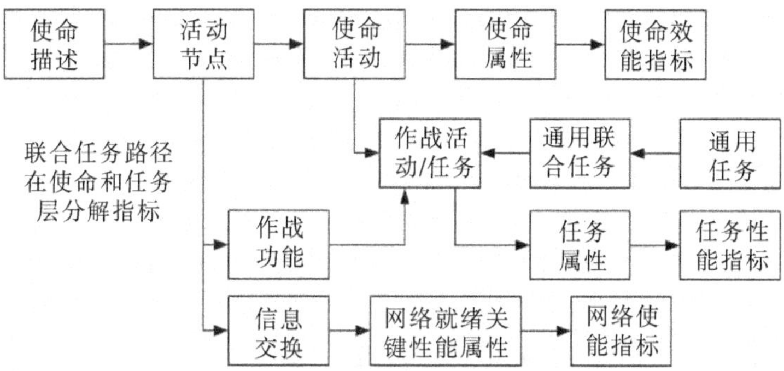

图 4. 23　基于 JMT 的指标分解

（4）基于 OPM 的逻辑推演和基于仿真系统的对抗推演

一是基于 OPM 的逻辑和功能推演验证。OPM（Object - Process Methodology）对象过程方法论是 Dori 在 2002 年提出的通用系统建模方法，是国际公认的基于模型的系统工程（Model Based Systems Engineering）六大方法论之一。OPM 集成面向对象和面向过程建模范式于同一个参考框架，基于统一视图建立系统结构模型和行为模型，将系统的静态结构和动态过程有机结合形成整体模型，支持从系统需求分析到系统集成的系统工程全过程建模。同时，OPM 支持模型推演，对作战概念进行功能和逻辑检验。本书基于 OPM 方法对“多无人集群空地一体战”作战概念案例进行了建模推演，检验了“多无人集群空地一体战”作战概念的功能和逻辑，并对流程进行优化，如图 4. 24 所示。

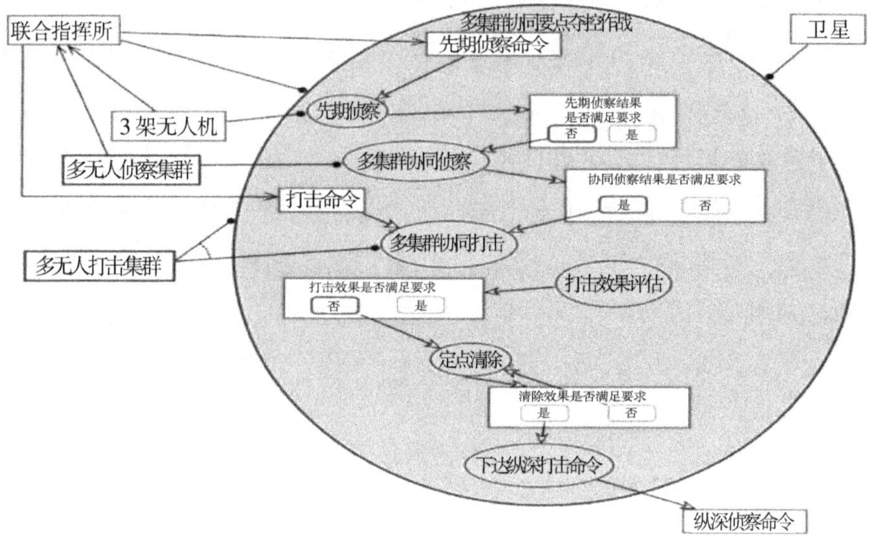

图 4.24 基于 OPM 的作战概念推演图

二是基于仿真系统的动态对抗过程推演。通过进行想定编辑、任务规划、实验参数设计，然后进行多次推演仿真，对交战过程进行检验，最终为作战概念提出优化建议。

4.9.2.2 功能领域分析（FAA）

功能领域分析的目的是确定达到军事目标所需完成的作战任务、条件和标准。功能领域分析以国家战略、政策、联合功能概念、综合体系结构等为初始条件，经过分析得到一个有优先级的、涵盖所有功能领域的任务列表，这些任务将在功能领域分析过程中被重点审查，其中任务列表可以基于联合任务线程的指标分解进行，主要流程如图 4.25 所示。

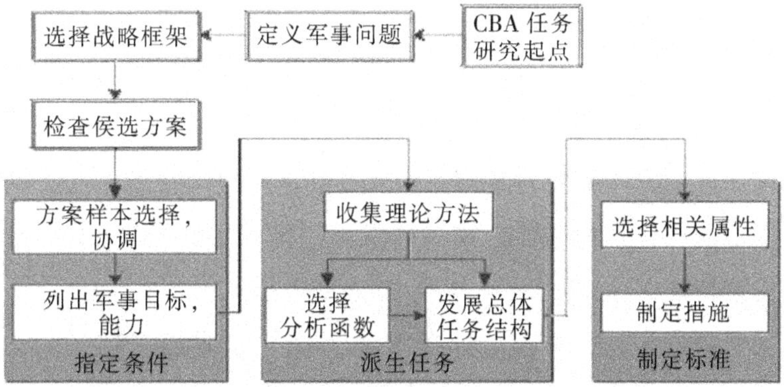

图 4.25　功能领域分析流程图

4.9.2.3 功能需求分析（FNA）

功能需求分析的目的是对当前和计划中的能力进行分析，比较和确认能力现状和存在的差距。功能需求分析按照指定的标准，分析要完成功能领域分析中得到的作战任务，需要什么样的功能，评估当前和未来所需的联合能力。功能需求分析使用功能领域分析中确认的任务作为基本输入，输出一份需要解决的功能差距的列表清单，提出消除差距的解决方案，并指出在哪个阶段需要使用这些解决方案。同时，功能需求分析还要分析存在哪些影响效率的功能冗余，主要流程如图 4.26 所示。

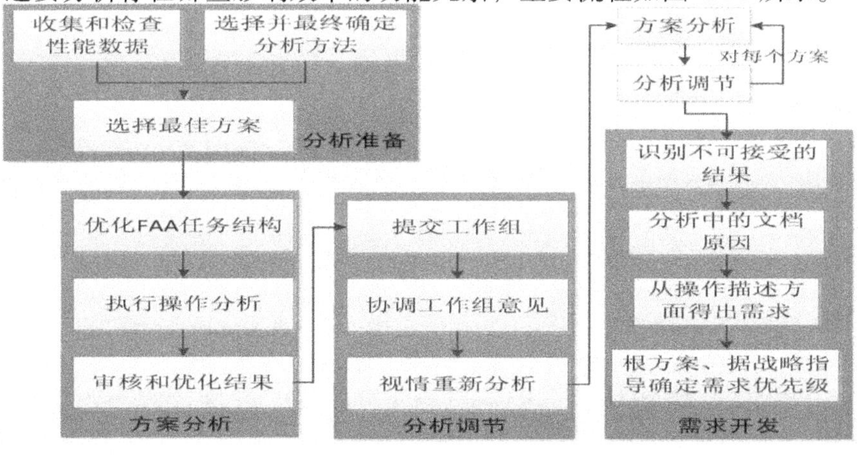

图 4.26　功能需求流程图

功能需求分析应完成以下工作：

使用作战术语或广义的、基于效果的术语，描述功能差距和功能冗余问题；

描述上述问题及解决方案可能涉及的其他作战功能领域；

依据目的、任务和条件，描述能够解决能力差距问题的一个或多个功能的关键特征；

确认经联合需求监督部门批准的作战功能领域效能度量指标。经过功能领域分析和功能需求分析，将得到联合能力文档（JCD）。JCD 主要内容是作战任务需求和存在的能力差距。

4.9.2.4 功能解决方案分析（FSA）

针对功能需求分析中确定的作战功能差距和冗余，在功能解决方案分析过程中将组织相关领域专家进行分析和评估，得到针对作战功能差距的解决方案列表，按照重要程度的高低排序。同时还需实施后期独立分析，目的是对先前所做的分析进行检查，并对推荐的方案进行再次评估确认。后期独立分析过程由完全没有参与功能解决方案分析的专家对方案进行独立分析，确定备选方案能够消除能力差距，并进行优选，主要流程如图 4.27 所示。

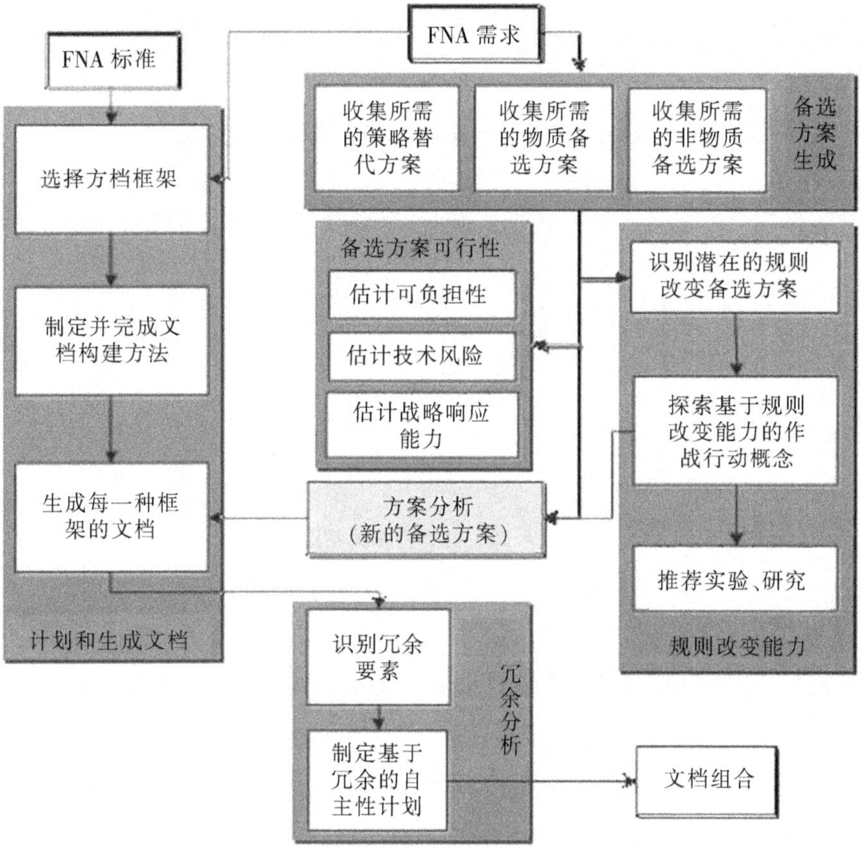

图 4.27　**功能解决方案分析流程**

4.9.3 资源能力建模

对于功能解决方案中多个解决方案进行资源能力匹配建模，筛选出可承担的合理方案，主要研究内容包括两部分：资源能力匹配和基于作战方案的资源消耗过程推演。

(1) 资源能力匹配

资源能力匹配主要包括五步：一是建立能力与资产类型的关联关系；二是建立兵力单元与资产类型的关系；三是建立兵力单元与所属基地的

关系；四是建立基地与战区的联系；五是基于作战方案将能力、资产类型、兵力单元、基地、战区统一起来。如图4.28所示。

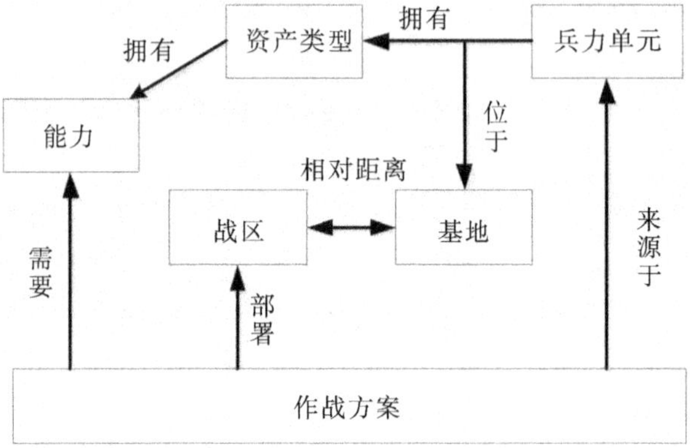

图4.28　能力资源关系图

经过能力资源关系匹配，最终可以建立能力与各要素的关联关系。

（2）基于作战方案的资源推演

建立能力资源匹配关系后，还需对多种资源匹配方式进行推演，并形成方案排序。推演过程中可以调整推演粒度、推演步长等。推演完成后可对推演过程数据进行统计分析展现。最终根据推演分析数据，得出优化方案，见表4.19。

表4.19　作战方案关键作战问题清单

能力	关键能力问题（CCI）	关键作战问题（COI）	战区	基地（或同级作战单位）	基本作战部队	装备选项	作战方案类型	作战方案
能力1	CCI1	COI1	战区1	基地1	步兵旅	航空母舰	低劣度冲突1	方案1.1
能力2	CCI2	COI2	战区2	基地2	火力旅	弹道导弹	低劣度冲突2	方案1.2
能力3	CCI3	COI3	战区3	基地3	舰队	轰炸机	低劣度冲突3	方案1.3
能力4	CCI4	COI4	…	基地4	导弹旅	歼击机	低劣度冲突4	方案1.4
能力5	CCI5	COI5		基地5	轰炸机团	潜艇	中等烈度冲突1	方案1.5

续表

能力	关键能力问题（CCI）	关键作战问题（COI）	战区	基地（或同级作战单位）	基本作战部队	装备选项	作战方案类型	作战方案
能力 6	CCI6	COI6		基地 6	防空旅	巡洋舰	中等烈度冲突 2	方案 1.6
…	CCI7	COI7		基地 7	…	坦克	中等烈度冲突 3	方案 2.1
	CCI8	COI8		…		…	中等烈度冲突 4	方案 2.2
	CCI9	COI9					中等烈度冲突 5	方案 2.3
	CCI10	COI10					高烈度冲突 1	方案 2.4
	CCI11	COI11					高烈度冲突 2	方案 2.5
	CCI12	COI12					高烈度冲突 3	方案 2.6
	CCI13	COI13					高烈度冲突 4	方案 2.7
	CCI14	COI14					高烈度冲突 5	方案 3.1
	…	COI15					…	方案 3.2
		COI16						方案 3.3
		COI17						方案 3.4
		…						方案 3.5 …

4.9.4 组织结构设计和科技战略规划评估

对于资源能力建模形成多个配比方案进行兵力结构设计，兵力体系结构设计包括兵力体系架构设计和原型系统构建。

体系架构设计包括基础结构设计、行为流程设计、兵力组网设计、任务链路设计、运行机制设计、组分协议设计等。

原型系统构建包括系统装备配系设计、系统任务活动设计、系统功能流程设计、各子系统功能流程设计等。围绕基于能力生成的兵力结构设计，尝试通过能力将作战需求贯穿体系运行始终。提出了从能力需求来源、能力需求分析、资源能力建模、兵力结构设计等一体化研究方法，旨在为兵力结构规划论证领域提供理论探索和手段支持。

总之，应根据组织结构设计的需求结论，引导科技战略投向投量的重点，从而为科技战略优先发展事项排序提供决策依据。

第五章　总结

本研究瞄准科技战略规划良好评估手段缺乏的现实问题，研究了科技战略规划的基本内涵、重要意义以及制约因素，分析了美国、日本等国家科技战略规划的体系框架和规划方法，归纳总结了科技战略规划组合分析方法总体框架和方法论，并归纳总结了9类评估方法，并据此凝练出组合分析方法的具体运用流程，为科技战略规划评估方法研究提供了理论借鉴和方法支撑。然而科技战略规划评估是一项复杂的系统工程，科技领域建设投入大、参与主体众多、技术开发风险高，如何针对科技规划方案进行评估和有效管理，是解决科技投资预算与科技领域建设战略规划目标有效契合问题的重要手段。本书所建立的科技战略规划评估方法侧重于从面向战略目标达成视角思考投资项目的绩效评估方法，但在实现测度定量化描述仍存在许多待研究的问题。比如说在绩效管理的知识集成方面，传统的数据组织方式仍以文本表现形式为主，知识关联性方面表现能力较差，而投资项目绩效管理要素之间存在着复杂的关系，其内在关联性在传统的数据组织结构模式中很难表现出来。需要研究构建具有一定智能的投资项目知识管理结构，从而提高智能决策支持水平。另外，投资项目管理的动态演化也是必须要重点研究的问题。随着科技建设的不断推进，投资项目的位置测度不应是静态的，而是动态的。绩效评估既要考虑投资项目的成本和效益，也要考虑未来十年、二十年甚至几十年的国家间科技竞争环境变化趋势，准确预测战略发展拐点，合理分配项目投资预算。

为了更好推动科技战略规划评估工作，建议加强两方面工作：一是加强规划模型、数据的准备。本书对科技战略评估方法进行了探索，其中用到很多模型和数据，这些模型和数据是评估的基础和保证。因此，需要加强各领域模型和数据的积累和统合，并在国家层面基于统一标准规范建立的模型、数据库，便于统管统用。二是推动评估方法的推广应用。各单位在进行评估论证时仍然存在定量方法不足等问题，需要强势推动量化、仿真等方法应用，并不断发现运用中存在的问题，多轮迭代，促进方法更新和优化，最终推动科技战略规划评估的科学性、准确性不断提升。

参考文献

[1] Abusharekh A, Kansal S, Zaidi A K, et al. Modeling time in DoDAF compliant executable architectures [C]. 2007 Conference on Systems Engineering Research, Hoboken, NJ, USA, 2007.

[2] Ang Yang. A networked multi - agent combat model: Emergence explained [D]. Australian Defence Force Academy, 2006.

[3] Anoop A Mullur, Achille Messac. Extended radial basis functions: more flexible and effective metamodeling [J]. AIAA journal, 2005, 43 (6): 1306 - 1315.

[4] Bakken B E. Handbook on long term defence planning [R]. The RTO Studies, Analysis and Simulation Panel (SAS). RTO - TR - 069. 2003.

[5] Campbell D. W. Development of aMetamodel for a major Weapon System Cost Model [J]. 1995.

[6] Caughlin D. Simulation Metamodel for a Major Weapon System Cost Model [J]. 1995.

[7] Chairman of the Joint Chiefs of Staff. CJCSM 3170. 01C, Operation of the Joint Capabilities Integration and Development System, Department of Defense: Washington D. C. 2007.

[8] Charles M. and NorthMacal, Michael J. Tutorial on Agent – Based Modeling and Simulation Part 2: How to Model with Agents [C]. Proceedings of the 2006 Winter Simulation Conference, 2006.

[9] ChrisAlspaugh, Tom Hepner, Cam Tran, Wonita Youm. Network Warfare Simulation [R]. 2004.

[10] Christopher M. Wegner. System – of – Systems Test Planning in Complex Joint Environment [D]. Master. Monterey, California, U. S. : Naval Postgraduate School, 2008.

[11] CJCSI 3070. 01G. Joint capabilities integration and development system [Z]. Washington, D. C. 2009.

[12] Cook S C. On the acquisition of System ofSytems [C]. Proc 11th Annu Symp INCOSE. 2001.

[13] David A Diener. Forecasting air base operability in a hostile environment: estimatingmetamodels from large – scale simulations. DTIC Document, 1989.

[14] David S. Alberts etc. Network Centric Warfare Developing and Leveraging InformationSuperiorty [M]. ISBN 1 – 57906 – 019 – 6. 2000.

[15] Davis P. Analytic Architecture for Capabilities – Based Planning, Mission – System Analysis, and Transformation [R], Santa Monica, CA: RAND 2002.

[16] Debarati Chattopadhyay. A method for tradespace exploration of systems of systems [D]. Massachusetts Institute of Technology, USA, 2009.

[17] Department of Defense (DoD). Defense Acquisition Guide (DAG) Version 1. 6 [R]. http://akss. dau. mil/dag. December 20, 2004.

[18] Department of Defense architecture framework group. Department of Defense architecture framework version 2. 0 [R]. 2008.

[19] Department of Defense. Department of Defense Architecture Frame-

work[R],version 2.0 Volume I. 2009.

[20] DoD. Quadrennial defense review report [R] Department of Defense, Washington, D. C. , USA. 2001.

[21] Dov Dori. Object Process Methodology: A Holistic Systems Paradigm; with CD - ROM [M]. Springer, 2002.

[22] Erik Baumgarten, Steven J Silverman. Dynamic DoDAF and executable architectures [C]. Military Communications Conference, 2007.

[23] G Gary Wang, Timothy Simpson. Fuzzy clustering based hierarchicalmetamodeling for design space reduction and optimization [J]. Engineering Optimization, 2004, 36 (3): 313 -335.

[24] George EP Box, Norman R Draper. Evolutionary operation: a method for increasing industrial productivity. DTIC Document, 1969.

[25] Herman Kahn. Stochastic (Monte Carlo) Attenuation Analysis[R]. Defense Technical Information Center, 1949.

[26] Hiromoto S. Fundamental capability portfolio management: A study of developing systems with implications for army research and development strategy [D]. Pardee RAND Graduate School, Santa Monica, CA, USA 2013.

[27] Hsueh - Yung Benjamin Koo. A Meta - language for Systems Architecting [D]. Massachusetts Institute of Technology, USA, 2005.

[28] Ian PSobieski, Ilan M Kroo. Collaborative optimization using response surface estimation [J]. AIAA journal, 2000, 38 (10): 1931 -1938.

[29] IrisReinhartz - Berger, Dov Dori. Object - Process Methodology (OPM) vs. UML - a Code Generation Perspective [J]. CAiSE Workshops (1). Citeseer, 2004. 275 -286.

[30] IrisReinhartz - Berger, Dov Dori. OPM vs. UML——Experimenting with Comprehension and Construction of Web Application Models [J]. Empirical Software Engineering, 2005, 10 (1): 57 -80.

[31]J. P. C. Kleijnen, Standridge C. Experimental design and regression analysis:an FMS case study [J]. European Journal of Operational Research, 1988, 33 (3): 257 -261.

[32]Jack PCKleijnen, Robert G Sargent. A methodology for fitting and validating metamodels in simulation [J]. European Journal of Operational Research, 2000, 120 (1): 14 -29.

[33]Jack PCKleijnen. Statistical validation of simulation models [J]. European Journal of Operational Research, 1995, 87 (1): 21 -34.

[34]Jay D Martin, Timothy W Simpson. Use of kriging models to approximate deterministic computer models [J]. AIAA journal, 2005, 43 (4): 853 - 863.

[35]Jimmy C Tai, Dimitri NMavris, Daniel P Schrage. Application of a response surface method to the design of tipjet driven stopped rotor/wing concepts [C]. AIAA Paper, 1995: 95 -3965.

[36]John SOsmundson, Thomas V Huynh. A systems engineering methodology for analyzing systems of systems [C]. Proceedings of the 1st Annual Systems of Systems Engineering Conference. 2005. 13 -14.

[37]Joint Chiefs of Staff. Joint capabilities integration and development system (CJCSI 3170. 01H) [R]. U. S, Department of Defense. 2012.

[38] Joint Systems and Analysis Group of TTCP. Guide to Capability Based Planning[R], TR -JSA -TP3 -2 -2004 Washington: U. S. D. o. Defense. 2004.

[39]Joseph M. Lindquist. An Analysis of Degraded Communication in the Army's Future Force [D]. Master. Monterey, California, U. S. : Naval Postgraduate School, 2004.

[40] Joseph V. Iacobucci. Rapid architecture alternatives modeling (RAAM):A framework for capability -based analysis of system of systems ar-

chitecture [D]. Ph. D thesis, Georgia Institute of Technology, 2012.

[41] KGriendling. ARCHITECT: The Architecture - based TechnologyEvaluation and Capability Tradeoff Methodology [D]. Georgia Institute of Technology, 2011.

[42] Kai - Tai Fang. The uniform design: application of number - theoretic methods in experimental design [J]. Acta Math. Appl. Sinica, 1980, 3: 363 - 372.

[43] KE Johnson, KW Bauer Jr, JT Moore, M Grant. Metamodelling techniques in multidimensional optimality analysis for linear programming [J]. Mathematical and computer modelling, 1996, 23 (5): 45 - 60.

[44] Keisler JSalo A, Morton A. Portfolio Decision Analysis: Improved Methods for Resource Allocation [M]. New York, NY, USA: Springer. 2011.

[45] Ken S Browne. Using RSM, DOE, and linear regression to develop ametamodel to predict cargo delivery of a time phase force deployment document. DTIC Document, 2000.

[46] Kevin L. McMindes. Unmanned Aerial Vehicle Survivability: the Impact of Speed, Detectability, Altitude, and Enemy Capabilities [D]. Master. Monterey, California, U. S. : Naval Postgraduate School, 2005.

[47] Kleinman D LKemple W G, Berigan M C. . A2C2 Initial experiment: Adaptation of the Joint Scenario and Formalization [C]. Proceedings of the 1996 Command & Control Research & Technology Symposium, Monterey, CA. June 1996: 837 - 846.

[48] Lars Geyer. Feature modeling using design spaces [C]. Proceedings of the 1st German Workshop on Software Product Lines. 2000.

[49] Lennart Eriksson. Design of experiments: principles and applications. MKSUmetrics AB, 2008.

[50] Liles S. W. On the characterization and analysis of system of systems

architectures [D]. George Mason University, Fairfax, VA, USA, 2008.

[51] Liping Wang, Don Beeson, Srikanth Akkaram, Gene Wiggs. Gaussian process meta - models for efficient probabilistic design in complex engineering design spaces [J]. ASME, 2005.

[52] ManolisPapadrakakis, Nikos D Lagaros, Yiannis Tsompanakis. Structural optimization using evolution strategies and neural networks[J]. Computer methods in applied mechanics and engineering, 1998, 156 (1): 309 -333.

[53] MarkRaffetto. Unmanned Aerial Vehicle Contributions to Intelligence, Surveillance, and Reconnaissance Missions for Exoeditionary Operatios [D]. Master. Monterey, California, U. S. : Naval Postgraduate School, 2004.

[54] MartinMeckesheimer, Russell R Barton, Timothy Simpson, Frej Limayem. Metamodeling of combined discrete/continuous responses [J]. AIAA journal, 2001, 39 (10): 1950 -1959.

[55] Michael Stein. Large sample properties of simulations using Latin hypercube sampling [J]. Technometrics, 1987, 29 (2): 143 -151.

[56] Mor Peleg, Dov Dori. The model multiplicity problem: experimenting with real - time specification methods. [C], IEEE Transactions on Software Engineering, 2000, 26 (8): 742 -759.

[57] Nicholas Metropolis, S. Ulam. The Monte Carlo method [J]. Journal of the American Statistical Association, 1949, 44 (247): 335 -341.

[58] NilKilicay - Ergin, Cihan Dagli. Executable modeling for system of systems architecting: An artificial life framework [C]. 2nd Annual IEEE Systems Conference. 2008. 1 -5.

[59] Nira Dyn, David Levin, Samuel Rippa. Numerical procedures for surface fitting of scattered data by radial functions [J]. SIAM Journal on Scien-

tific and Statistical Computing, 1986, 7 (2): 639 -659.

[60]Office of the Deputy Under Secretary of Defense for Acquisition and Technology. Systems and Software Engineering (ODUSD(A&T)SSE). Systems Engineering Guide for Systems of Systems, ver. 1.0 [R]. Washington, D. C., USA. 2008.

[61]Paul K Davis, James H Bigelow. MotivatedMetemodels Synthesis of cause Effect Reasoning and Statistical Metamodeling [M]. 2003.

[62]RA Kilmer, Alice E Smith, Larry J Shuman. An emergency department simulation and a neural networkmetamodel [J]. Journal of the society for health systems, 1997, 5 (3): 63 -79.

[63]Raj C Bose, KA Bush. Orthogonal arrays of strength two and three [J]. The Annals of Mathematical Statistics, 1952: 508 -524.

[64]Renzhong Wang. Search - based system architecturedvelopment using a holistic modeling approach [D]. Missouri University of Science and Technology, USA, 2012.

[65]ResitUnal, Roger A Lepsch, Mark L McMillin. Response surface model building and multidisciplinary optimization using D - optimal designs [C]. Proceedings of the 7th AIAA/USAF/NASA/ISSMO Symposium on Multidisciplinary Analysis and Optimization. 1998. 405 -411.

[66]Ricardo A Olea. Optimal contour mapping using universal kriging [J]. Journal of Geophysical Research, 1974, 79 (5): 695 -702.

[67]Ring S J, Nicholson D. Activity - based methodology for development and analysis of integrated DoD architectures [A]. Handbook of enterprise systems architecture in practice, Saha P (Editor), Information Science Reference, Hershey, 2007: 85 - 113.

[68]Ronald RLuman. Upgrading complex systems of systems: a CAIV methodology for warfare area requirements allocation [J]. Military Operations

Research, 2000, 5 (2): 53 –75.

[69]Saurabh Mittal, Eddie Mak, James J Nutaro. DEVS – based dynamic model reconfiguration and simulation control in the enhanced DoDAF design process [J]. The Journal of Defense Modeling and Simulation: Applications, Methodology, Technology, 2006, 3 (4): 239 –267.

[70]Schwartz M. Defense acquisitions: How DOD acquires weapon systems and recent efforts to reform the process [R]. Congressional Research Service, Washington, D. C. , USA, RL34026. 2013.

[71]Severine Durieux, Henri Pierreval. Regression metamodeling for the design of automated manufacturing system composed of parallel machines sharing a material handling resource [J]. International Journal of Production Economics, 2004, 89 (1): 21 –30.

[72]Shalom Cohen,Avi Soffer. Scrutinizing UML and OPM Modeling Capabilities with Respect to Systems Engineering [C]. International Conference on Systems Engineering and Modeling, 2007, 93 –101.

[73]Shaver R D Davis P K, Beck J. Portfolio – Analysis Methods for Assessing Capability Options [M]. Santa Monica, CA, USA: RAND Corporation. 2008.

[74]SPARTA. SEAS User Manua. 2006.

[75]Starbird S. A. A Metamodel Specification for a Tomato Processing Plan [J]. Eu ropean Journal of Operational Research, 1990,41 (3): 229 –240.

[76]Steven J Ring, Dave Nicholson, Jim Thilenius, Stanley Harris. An Activity – Based Methodology for Development and Analysis of Integrated DoD Architectures [C],"The Art of Architecture" Command and Control Research and Technology Symposium The Power of Information Age Concepts and Technologies, 2004.

[77] Sullivan M J. Defense acquisitions: Many analyses of alternatives have not provided a robust assessment of weapon system options [R]. United States Government Accountability Office, Washington, D. C., USA, GAO - 09 - 655, 2009.

[78] Timothy W Simpson, Timothy MMauery, John J Korte, Farrokh Mistree. Comparison of response surface and kriging models for multidisciplinary design optimization [J]. AIAA paper 98, 1998, 4758 (7).

[79] Tom Pawlowski. Executable Architecture Methodology for Analysis [C]. MITRE's Annual Technology Symposium. 2004.

[80] Tommer Ender, Ryan F Leurck, Brian Weaver. Systems - of - systems analysis of ballistic missile defense architecture effectiveness through surrogate modeling and simulation [J]. Systems Journal, IEEE, 2010, 4 (2): 156 - 166.

[81] Wagenhals L W, Liles S W, Levis A H. Toward executable architectures to support evaluation [C]. 2009 International Symposium on Collaborative Technologies and Systems (CTS 2009), Baltimore, MD, USA, 2009.

[82] Willard Lennox Simmons. A Framework for Decision Support in SystemArchitecting [D]. Massachusetts Institute of Technology, USA, 2008.

[83] Wolf R A. Multi - objective collaborative optimization of system of systems [D]. Massachusetts Institute of Technology, USA, 2005.

[84] Zinn A. W. The use of integrated architectures to support agent based simulation: An initial investigation [D]. Air Force Institute of Technology, Wright - Patterson Air Force Base, OH, USA, 2004.

[85]陈翔,刘军丽. 应用决策树方法构建评价指标体系[J]. 计算机应用,2006,26 (2):368 - 370.

[86]陈长喜,郭立红,于涌,等. 建立 C3I 面向对象体系结构综合可执行模型[J]. 电子器件,2006,29 (3):855 - 858.

[87]程贲,鲁延京,周宇. 武器装备体系优化方法研究进展[J]. 系统工程与电子技术,2012,34 (1):85 -90.

[88]邓睿. 面向作战效能评估的架构驱动仿真方法及其关键技术研究[D]. 长沙:国防科学技术大学,2008.

[89]杜波. 基于代理模型的武器装备体系优化方法研究[D]. 长沙:国防科学技术大学,2010.

[90]方开泰,马长兴. 正交与均匀试验设计[M]. 北京:科学出版社,2001.

[91]高兵,曾平,李孟军. 基于 MATE 的武器装备采办方案权衡方法[C]. 北京:国防科技前沿论坛,2010. 11.

[92]葛冰峰,任长晟,赵青松,等. 可执行体系结构建模与分析[J]. 系统工程理论与实践,2011,31(11):2191 - 2201.

[93]何志辉,王明哲. 基于 SysML 系统设计的动态性能效能评价[J]. 系统工程与电子技术,2006,11:026.

[94]李教,敬忠良,王安. 作战融合系统的构成及其效能分析[J]. 空军工程大学学报,2003.

[95]李涛,杨秀月,郭齐胜. 基于探索性计算实验的信息化武器装备体系优化方法[J]. 装甲兵工程学院学报,2008,22 (1):1 -5.

[96]李英华,申之明,李伟. 武器装备体系研究的方法论[J]. 军事运筹与系统工程,2004,1 (1):17 -20.

[97]刘新亮. 技术引入对武器装备体系能力影响的评估方法研究[D]. 长沙:国防科学技术大学,2009.

[98]毛昭军,蔡业泉,李云芝. 武器装备体系优化方法研究[J]. 装备指挥技术学院学报,2007,18 (2):9 -13.

[99]王凌,吉利军,郑大钟. 基于代理模型和遗传算法的仿真优化研究[J]. 控制与决策,2004,6 (19):12 -17.

[100]王琦,丁运亮,陈昊. 基于多级代理模型的优化算法[J]. 南京

航空航天大学学报,2008,4(40):3-8.

[101]熊健,陈英武,王栋.武器装备体系结构可执行模型[J].系统工程与电子技术,2010,32(5):966.

[102]杨峰.面向效能评估的平台级体系对抗仿真跨层次建模方法研究[D].长沙:国防科学技术大学,2003.

[103]杨镜宇,胡晓峰,司光亚,张明智.战争复杂系统仿真分析与实验[M].北京:国防大学出版社.2008.

[104]叶国青,姜江,陈森,李孟军.武器装备体系设计问题求解框架与优化方法[J].系统工程与电子技术,2012,34(11):2256-2263.

[105]张栋.武器装备全寿命费用宏观预测与控制研究[D].西安:西北工业大学,2007.

[106]张明智,胡晓峰,司光亚,岳庆来.基于MAS的体系效能综合集成仿真模型研究[J].系统仿真学报,2006,18(12):3584-3588.

[107]张明智,胡晓峰,司光亚,赵占龙.基于Agent的体系对抗仿真建模方法研究[J].系统仿真学报,2005,17(11):2785-2788.

[108]张维刚,刘晖.Kriging模型与优化算法在汽车成员约束系统仿真优化中的应用研究[J].湖南大学学报,2008,6(35):21.

[109]张耀中,张安,何胜强.基于自适应MAS的编队对地攻防对抗系统建模研究[J].系统仿真学报,2006,18(8):605-612.

[110]赵煦,梁涛.基于活动方法论的复杂系统体系结构建模[J].科学技术与工程,2010,(33):8277-8281.

[111]周宇.基于能力的武器装备组合规划问题与方法[D].长沙:国防科学技术大学,2013.

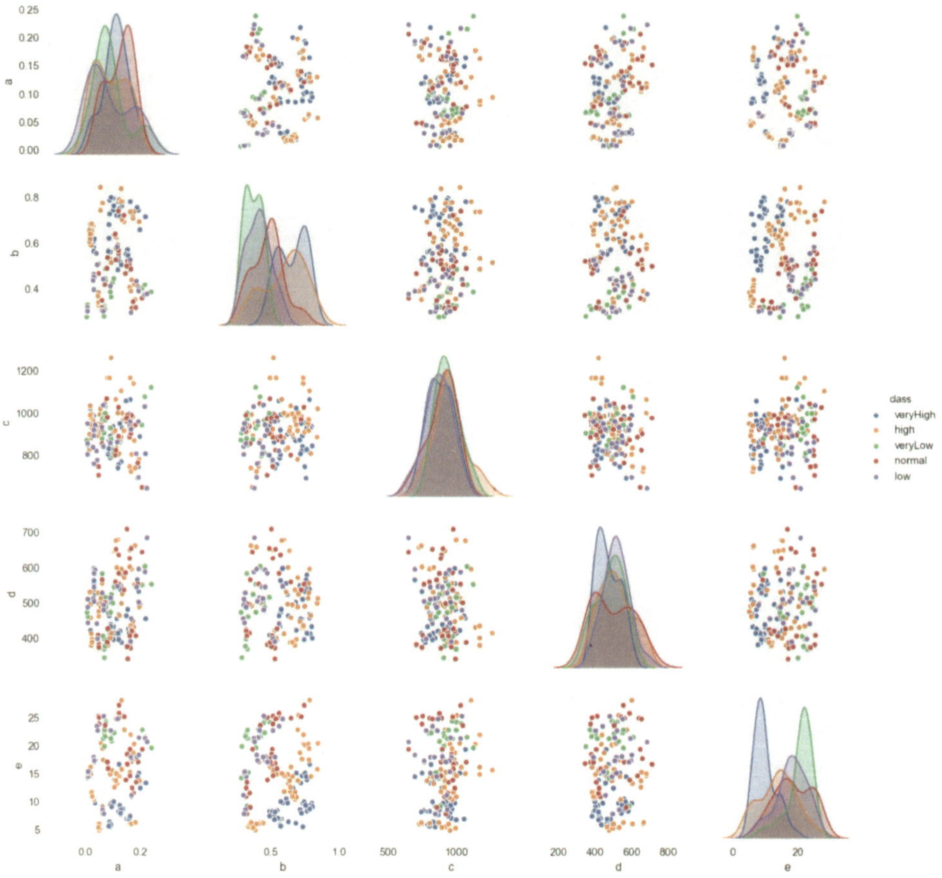

图 4.13　各关键技术问题指标对 $MMOE_1$ 贡献率仿真结果